数码摄影创意时光

创意技巧背后的秘密→→→→ [英] 克里斯·盖特厄姆　著

徐锡华　伍　锋
　　　　　　　　译
徐　焰　罗路遥

中国摄影出版社

图书在版编目（CIP）数据

数码摄影创意时光：创意技巧背后的秘密／（英）克里斯
盖特厄姆著. 徐锡华等译——北京：中国摄影出版社，
2011.1
　ISBN 978-7-80236-510-0

　Ⅰ.①数… Ⅱ.①克… ②徐… Ⅲ.①数字照相机—
摄影艺术 Ⅳ.①TB86②J41

　中国版本图书馆CIP数据核字（2010）第252993号

出版境外图书合同登记号：01-2010-5427
COPYRIGHT □ The ILEX Press 2009
This translation of Creative Digital:52 Weekend Projects originally published in
English in 2009 is published by arrangement with THE ILEX PRESS Limited.

数码摄影创意时光：创意技巧背后的秘密

作　　者：［英］克里斯·盖特厄姆
译　　者：徐锡华　伍　锋　徐　焰　罗路遥
策划出版：赵迎新
责任编辑：陈凯辉
装帧设计：北京杰诚雅创文化传播有限公司
出　　版：中国摄影出版社
地　　址：北京市东城区东四十二条48号　邮编：100007
发 行 部：010-65136125　65280977
网　　址：www.cpphbook.com
邮　　箱：office@cpphbook.com
制　　版：北京杰诚雅创文化传播有限公司
印　　刷：北京市雅迪彩色印刷有限公司
开　　本：16开
纸张规格：889mm×1194mm
印　　张：10.75
字　　数：80千字
版　　次：2011年10月第1版
印　　次：2011年10月第1次印刷
Ｉ Ｓ Ｂ Ｎ　978-7-80236-510-0
定　　价：58.00元

感谢浙江理工大学徐锡华教授、伍峰教授、
浙江城市学院徐格副教授对本书翻译所做的努力。

摄影是一种极具挑战性的艺术形式，技术日趋复杂。不管你是否意识到，一旦开始拍摄，各种问题接踵而至：用胶片拍摄，不可避免就会遇到化学、光学方面的问题，还会涉及到摄影美学、画面构图设计等问题。最近出现的数码摄影，运用大量电子设备，使得本来已经很复杂的摄影技术，又增添更多棘手的问题，摄影师需要娴熟地运用全新的数字化电脑语言。

摄影融合了各种艺术和科学专门知识，面对复杂多样的摄影技术和理念，初入门者往往茫然不知所措，所以有成堆的摄影书来指导如何拍摄出所谓"完美的照片"。然而，大多数摄影书籍只是教初学者一些程式化的光圈、快门速度和ISO设定，其结果是摄影师苦本逐末，痴迷于种种技术性的指标，诸如如何设定照相机的所谓"正确"焦距，反而忽视了拍摄本身。

当然，摄影基础知识始终是很重要的，但是本书的重点不在于详细论述照相机的机械原理和摄影技术术语，而是更侧重于摄影的创意性。从创意角度看，精准对焦并不是衡量一幅摄影作品成功的重要标准，相反，本书鼓励摄影师突破务求精准"正确"的技术束缚，使用看似"错误"的照相机的技术性设置，甚至利用低技术的摄影配置，以崭新的视角拍摄出不同凡响的创意摄影佳作。

本书收录的52个摄影专项，涵盖了从拍摄到数字冲印，以及如何取景、照相机配件和布光等等，让你一年52个周末，每周都有不同的挑战；而且这52个专项都标出了难度等级，让你对其难度系数一目了然。暂且不考虑不同专项的复杂性，对不同的专项，你可以只花几个小时探究一番，也可以细细琢磨。书中给出了大量的提示：少数是点到为止的，但是大多数提示：都很详细，如果你有心专研下去，这些提示：有助于你畅游创意摄影之海。

暂且把摄影指南束之高阁吧，摆脱摄影规则的禁锢，给自己轻松片刻，探索全新的创意摄影影像制作。本书带给你的是摄影的乐趣，回归摄影之本，这才是摄影的真正魅力所在。

目　录

创造性地拍摄

不管是抓拍，还是静物拍摄，都是先要有创意构思。创意之旅就此开始，变幻莫测的创意宝藏等着你去发掘，尽管大多数的摄影师主要关注的还是摄影的三大件——构图、曝光和焦距，但是本章创意摄影展示的远远不是中规中矩的摄影老三件，而是眼花缭乱的新技巧、令人兴奋不已的独特的摄影专题，这在你踏上创意摄影之旅前可能压根儿都没有想到过。不管你想拍摄的是袅袅青烟还是晶莹剔透的露珠，是璀璨的星空还是朦朦胧胧的风光景色，翻开这一章，开始发挥你的创意摄影吧！

01 创意性白平衡

明明拍摄的是一幅金色晚霞满天的美丽夕阳，结果洗出来的照片的影调却是冷冰冰，你是不是对此大失所望？如果是，你尽可放宽心，不止你一个人有过这种经历，出现这种情形，很可能是因为照相机被设定为自动白平衡，而照相机忠实地履行了白平衡功能。毕竟，99％的情况下，照相机设置的各种白平衡系统的主要目标是确保你的照片中性，没有偏色。可是，有时候，你也可能希望照片略有偏色，来捕捉或者者突出原景的氛围，例如，用淡蓝的影调来传递冰封凛冽的场景，或者用偏暖色的影调来烘托金色夕阳的暖意；还有些时候，你可能会想要把"正确的"规则搁置一旁，大胆地尝试创意拍摄，这种时候，你就可以使用"错误"的白平衡，来为你的照片注入特别的色彩，烘托氛围，使之耳目一新！

必备器材：
· 傻瓜相机或数码单反相机
· 彩色卡片（任选）

困难指数：★

上图：把照相机设定为多云天气下拍摄的白平衡，拍摄的照片色调更温暖，清晨日出的飘渺晨雾显得更加灵动。

提示：

如果你的照相机可以拍摄"Raw"格式的文件，在拍摄之后，你可以轻松地改变白平衡。你用转换软件打开Raw文档，从下拉菜单中选择另一种白平衡，就像你改变照相机预设白平衡的设置一样。如果你不喜欢调整之后的效果，你还可以切换回来，不影响影像。

左图：巧妙使用"错误"的白平衡，把雪景中的白雪变成了冰蓝色，强化刺骨寒冷的感觉。

上图：从日光白平衡设置切换到"错误的"白炽灯白平衡设置，使这张水景照表现出强烈的蓝色偏色。

什么是白平衡?

你的眼睛所看到的不同颜色的光，大脑会神奇地进行自动调整，这样，房间里点着白炽灯，你走出房间，室外阳光灿烂，你也不会觉得色彩方面有什么重大改变。实际上，白炽灯与日光的色彩大相径庭，白炽灯是暖橙色，而日光是冷蓝色。如果你晚上出门，看看房间里透出来的暖暖灯光，就很清楚了。

可是你的照相机没有你的大脑那么聪明，要先设定用什么光。所有的数码照相机都具有自动白平衡模式，模拟人的大脑那种自动"纠正"其所"看"到的颜色，这样，白色的物体拍摄出来还是白色的。但是，该系统并非万无一失，大部分摄影书籍都会告诉你，当照相机设置为预设白平衡，如日光、多云、阴影、白炽灯、闪光灯等等拍摄照明模式的时候，拍摄的影像更佳。这些预设告诉照相机，对某个特定的光源发出的颜色进行补偿，如果选择白炽灯白平衡设置，照相机就可以通过在影像中加入蓝色来补偿过多的橙色光。

现在你可以通过"欺骗"照相机的白平衡设置来进行创意拍摄了。例如，如果你使用白炽灯白平衡预设，在正常的日光环境下，照相机原本已经是冷色调的蓝色光源照射的影像，照相机还用蓝色进行补偿，结果拍摄出来的照片是很强的蓝色，整幅影像都是蓝调。相反的情况是，你使用日光预设白平衡，在白炽灯环境下拍摄，结果拍摄出来的照片是浓烈的橙黄色偏色。

创意白平衡

除了利用"错误"的预设白平衡，大部分数码单反照相机和傻瓜照相机，都可以自定义来手动设置白平衡，一般是通过拍摄白色或者灰色卡片来设定。照相机会计算出需要的调整量，使卡片的色彩看上去正确或者呈"中性"，随后在相同光线环境下拍摄的影像也是中性的。然而，如果你使用彩色卡片来设置自定义白平衡，照相机会通过加入对比色来补偿，你拍摄到的影像立刻有了某种色调。例如，使用淡绿色的卡片让照相机添加红色，这样影像就偏暖色，巧妙地运用这个小技巧来拍摄秋天的树叶，或者者使拍摄到的夕阳画面色调更浓郁，能取得很理想的效果。

选　题

创意白平衡这个专项中，最困难的是如何挑选合适的拍摄题材，并非所有的画面都通过加入某种色调而得到改善，效果最好的是比较抽象或者简单影像。在正午时分拍摄风景照，照片往往带着很强的蓝色影调，看上去明显是白平衡出错了。但是，如果是在有雾气的天气条件下拍摄，景色的细节很柔和，色彩也减弱了，拍摄出来的结果就非常棒。同样，拍摄人像作品的时候，如蓝色影调过重，效果往往不佳，但是加入一抹暖色，人像作品就会鲜活有魅力。

02 交叉偏振

你要是戴着偏振光太阳眼镜驾驶汽车，就会看到汽车挡风玻璃上奇特的偏色花纹。因为车窗是由耐热钢化玻璃制成的，回火工艺过程让玻璃承受内应力，这又反过来影响了挡风玻璃对光的反射方式。偏振眼镜可以显示出哪部分的玻璃制造时受内应力，因为会出现"双折射"现象。其他材料，诸如透明的注塑塑料，也会有双折射。所以，戴着偏振光眼镜看MP3的显示器和手表塑料外壳，就会看到彩虹般绚丽的色彩（图案）。

摄影师也使用偏光镜片（偏光镜）来削弱玻璃反射的光，减少潮湿物体的高光亮点。这就像戴着偏光太阳眼镜拍摄一样，偏光镜结合偏光光源，拍摄出的效果很有趣。这一"交叉偏振"技术在科学领域很重要，被用于晶体和微生物的研究。科学家们关注的是交叉偏振的科学潜力，而创意摄影师却将该技术用于拍摄令人叹为观止的奇特照片，塑料物体中隐形应力线就会折射出绚丽的彩虹色。

要制造出偏振光，传统方式是购买一块偏振镜或者偏振凝胶片，罩住光源，效果很好。不足之处在于偏振凝胶片很贵，一旦上面有划痕，拍摄出来的效果就差了。不过，如今便捷的偏振光源随处可见——笔记本电脑、平板电视或者监视器液晶屏幕，都可以作为偏振光，用于创意摄影。

提示：
一般不建议把被摄物直接放置在液晶显示屏上，这不但可能损坏屏幕，而且屏幕本身也可能变成焦点，折射出网格状的红、绿、蓝像素。
如果把液晶屏幕水平摆放，在上面放一片玻璃，被摄物放在玻璃片上，而玻璃是不会受到偏振光源影响的。
使用微距镜头或者特写镜头近距离地构图拍摄，创造出色彩千变万化的抽象画面。

左图：摄影师暗房里的透明塑料量杯，采用交叉偏振技术，拍摄出彩虹般的效果。

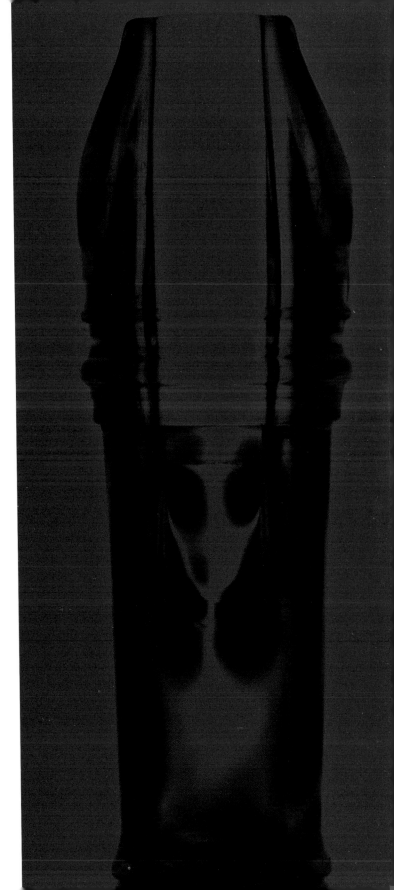

1　要设置你的偏振光源，可以先把显示屏的亮度调到最大，然后打开一个空白文档，全屏显示，这样显示屏上就出现一幅白色影像。

2　把偏光镜装到照相机镜头上，在显示屏前方摆放好三脚架，把照相机固定在三脚架上。

3　转动照相机镜头上的偏光镜，一边通过取景器观察影像颜色的变化，最理想的效果是影像变成黑色，或者者非常深的颜色。转动偏光镜可以得到不同程度的偏振效果，所以可以试试不同的角度，来发现你想要的效果。你很可能会发现，画面中的影像颜色越深，偏振效果越好。

4　将透明塑料物体摆放在液晶显示屏和照相机之间，然后用镜头进行构图和调焦，你可以通过照相机的取景器或者背面小显示屏，看到画面的成色效果。

5　关闭或者遮住其他的光源，开始拍摄。由于液晶显示屏发出的光有限，而偏振光镜吸收相当于两挡光圈的光量，需要相当长的曝光时间（所以要使用三脚架）。另外一个窍门是使用遥控快门按钮，如果没有，也可以用照相机的自拍功能来代替。不管使用哪种方法，目的是要尽量避免长时间曝光造成照相机抖动。

6　拍摄一幅之后，通过照相机背面的小显示屏仔细查看影像效果。必要的话，可以通过EV（曝光值）来调整曝光设定，使影像更亮或者更暗。然后，开始大胆的尝试吧，想怎么拍就怎么拍！不同的被摄体会产生迥然不同的效果。

右图：将交叉偏振影像转为黑白，使之与纯色的背景叠加融合，就能取得像很醒目的效果，达到类似画面中这台录音机照片效果。

在20世纪70年代和80年代，摄影界流行用星光镜或者"十字"滤光镜来进行夜景拍摄。其实这类滤光镜只不过是普通平光玻璃，无非是其表面刻有规则的网格纹。用这类滤光镜来拍摄明亮的点光源，比如夜间的路灯，能创造出"星爆效应"。然而，星光镜不柔和，其表面的刻线会产生光弥散效应，导致光纹带有彩虹般的光晕。

因此，近年来，星光镜已经失宠，风光不再。我压根也不主张大家一窝蜂地似的装上星光镜，拍摄一大堆照片回来。但是，话又说回来，有些时候，巧妙地使用星光镜，还是能够拍出很好的效果，大可不必因为现在不流行了，你就再也不去碰星光镜了。很有可能你的照相机已经装了内置星光镜，而且我敢说你的用户手册对此只字不提。

本专项是利用一种常见的光学现象"衍射"，大部分照相机镜头都会出现衍射现象。衍射是指光在通过细小缝隙的时候产生轻微的弯曲现象，（镜头的衍射指的是照相机光圈）。当镜头被设置为小光圈时，清晰度会降低，光衍射问题就随之产生。当然，我们也完全可以利用光衍射问题进行创意拍摄，创造出独具一格的星爆效果。

拍摄这个专项，最好是能够找到某个有些许点光源的夜景或者低光照明的场景，夜间的街灯或者圣诞节的灯饰都不是不错的题材，而表面面积比较大的光源，诸如商店招牌或者荧光灯管则不适合这类拍摄。黄昏时分或者晚上，去小城镇转悠转悠，肯定可以找到合适的拍摄场景的。

一旦找到了你想要拍摄场景，把照相机装在三脚架上，切换到光圈优先模式。设定好小光圈，就可以开始拍摄了。如果你使用的是单反照相机，镜头设定为f/4的话，不会拍摄到明显的星爆效应。要取得清晰的星爆效果，需要将光圈设定为f/16，或者者更小，可以通过照相机背面的小屏幕仔细查看影像效果如何。设定一个小光圈，就能发现照相机隐藏的星光镜"模式"，轻轻松松就创造出独到的星爆效果。

必备器材：

· 具有可调节光圈的傻瓜照相机或者数码单反照相机
· 三脚架

困难指数：★

提示：

　　一个星爆的光针数量的多少，与照相机镜头里的光圈叶片的数量相关。因此，既可以尝试试验用不同光圈挡拍摄不同的星爆效果，也可以试着换用不同的照相机镜头来拍摄星爆效果，每个照相机镜头都会产生略有不同的星光效果。

上图：只需设置一个小光圈，对着点光源拍摄，就能得到美妙的星爆效果。星爆光针的数量和强度，取决于照相机光圈叶片的数量和光圈大小的设置。上左图的图片（细节在上右图）是用f/16的光圈拍摄的。

左图：拍摄这幅影像使用了一个"合适的"四点星光镜，星爆效果更明显。问题是，只要更改光圈设定，就能免费得到这一效果，为什么还要花钱去买一个星光镜呢？

04 柔焦

　　像星光镜一样，拍摄柔焦照片曾经风靡一时，曾几何时，不带柔光效果的照片难觅踪影。如今，柔焦效果照片已风光不再（有人认为其失宠是好事情），但是，这并不意味着柔焦镜在创意摄影师的装备中不占一席之地。很悖论的是，摄影师倾囊而出购置最清晰的镜头，却用来拍摄"柔化"照片。当然，并非所有的照片都要求绝对清晰，有时候，摄影师需要弱化一些细节，例如拍摄人像照片，皱纹和皮肤上的斑点就要遮掩；有时候，柔焦效果可以用来凸显风景、静物照片的氛围，创造出虚拟薄雾；还有的时候，摄影师把细节部分虚化了，留下明显轮廓外形；将柔焦用到极致的时候，甚至可以创意出超现实主义的效果，使得整个画面的色彩和影调显得非常朦胧柔美。

　　创意柔焦其实简便易行，即便只有最基本的配置，照样可以迅速创造出多种多样模糊效果和色彩效果。最简单的方法是对着照相机镜头呵气，镜头上就出现了雾气，趁雾气渐渐散去之际，抓紧拍摄，可以根据镜头上留着的雾气量来设定拍摄。如果是在户外拍摄，特别是微风拂面的时候，呵气创造出的雾气很可能会突然散去，而且未必会均匀散去，所以你必须要快速拍摄。可是，看在完全免费的份上，就不要苛求尽善尽美了吧！

凡士林

在照相机镜头上涂一层薄薄的凡士林，比在镜头前呵气，制造出的柔焦效果更可预测，也更好控制，当然清理起来比较麻烦。这是一种种经典的制造柔焦方法，其特点是快捷、简便、灵活。在透明的滤光镜表面，诸如UV镜或者天光镜表面，涂上一层薄薄的凡士林。涂上去的凡士林厚薄、均匀层度会产生相应的不同柔焦效果：取少量凡士林，均匀地涂抹开，可以创造出微妙的柔化影像；或者多用一些凡士林，将滤光镜表面涂成条纹状，拍摄出的影像就会产生梦幻色彩和影调；甚至还可以有选择性地涂凡士林，滤光镜的中心部位不涂，保持其清晰性，只涂在其边缘，柔化边缘部分。

这个经典制造柔焦的技巧，最棒的一点是摄影师可以完全掌控最终影像效果。想要取得不同的柔焦效果，可以取不同量的凡士林，涂成不同的图案。如果拍摄出来发现效果不好，就把滤光镜擦拭干净，再尝试新方式。唯一要提醒的是，你使用涂上凡士林的滤光镜的话，千万不能让照相机镜头沾上凡士林。滤光镜上的凡士林，可以用镜头棉纸或者肥皂加水来清理干净，但是照相机镜头一旦沾上凡士林，就有可能永久性地损坏镜头的镀膜。

尼 龙

时尚摄影师非常青睐使用尼龙，（很可能是他们身边总是不缺尼龙丝袜的缘故吧）。通过把尼龙袜蒙在照相机镜头上，他们开辟了一个全新的创意空间。尼龙不仅能够降低清晰度，而且使用不同颜色的尼龙丝袜，还可以改变影像的颜色，例如，使用黑色尼龙丝袜柔化影像阴影部分，对高光部分影响却不大；而使用白色尼龙丝袜会产生与之相反的效果；棕色的尼龙丝袜不但能够增加影像的暖色调，也能够柔化影像，是拍摄人像作品的上佳选择。

如果你自己有一双旧尼龙丝袜，可以剪下一小块，大约5英寸（12.5厘米）见方，然后把这块尼龙罩在镜头前面，要绷得很平整，用一个橡皮筋它固定在照相机镜筒上。同时，要注意把橡皮筋套在合适位置上，不要固定在自动调焦环上，以便镜头仍然可以自动调焦。

05 创意性焦外成像

焦外成像（Bokeh）一词来自于日语，意思是"模糊"或者"虚化"，这一术语用来描述虚像或者散焦区域，通常是指影像背景区域。采用大光圈f/2.8或者更大光圈拍摄的照片，这种现象最明显，因为浅景深使背景区域处于焦点之外。如果你仔细去看看一幅景深很小的照片，可能会注意到背景中有些小小的模糊几何图形，这就是焦外成像的背景虚化。

焦外成像会显出所用镜头光圈叶片形状，因此使用的镜头不同，显示的形状也不同，有五边形、六边形或者八角形。如果你使用折反镜头或者反射镜头，由于镜头里面设计有圆形的镜子，会拍摄出圆圈形背景虚化图像。有些摄影师最关注的是如何获得"最佳"背景虚化，以至于有些照相机镜头的光圈叶片几乎就是圆形的，特别是那些专门用来拍摄人像照片的镜头。然而，我们关注焦外成像技巧，目标不是要达到"最佳"背景虚化，我们更感兴趣是创造更具个性的背景虚化形状，使拍摄到的影像独具一格。

左图：小小的闪烁光源，诸如圣诞树上的装饰灯，是理想的背景道具，拍摄出创意性的背景虚化影像。用电线将闪烁的小灯泡用电线串联起来，便于布置造型，拍摄出如同图中照片所示的创意效果。

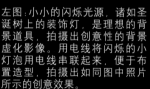

左图：尽管五边形的散景本身很有趣，但是孤立地拍摄五边形，却难显其魅力。可以试着把前景特色与背景虚化结合起来，创造出更有特色的影像。

提示：

把照相机镜头设置在最广角的位置，这样可以取得焦外成像滤镜的最强的效果。

特写拍摄往往降低景深，采用大光圈结合焦外成像滤镜，达到最强的背景虚化效果。

制作背景虚化滤光片

制作背景虚化滤光片非常容易，选一片圆形卡，选好你希望达到的背景虚化效果的形状，剪裁下来。

要获得最佳效果，可以选择一个f/1.8光圈镜头，记下滤光片的直径大小（一般镜头圈上就有相应的尺寸），在一块黑色圆卡片上，用圆规画出一个圆，其直径与照相机镜头滤光片的螺口相同。

剪下这个圆形，把你想要的背景虚化形状画在卡片中心部位，像心形和星形等实心形状，拍摄出来效果都很棒。

最后，用美工刀在卡纸圆盘上裁下该形状，你想要的背景虚化滤光片就大功告成了。然后，你只要小心地把背景虚化滤光片装在照相机镜头的滤光镜螺口上，就可以开始拍摄了！可以在滤光片的边缘贴上一小段透明胶带，便于之后把滤光片从镜头前取下来。

06 变焦爆炸

　　一旦你学会了如何拍摄变焦爆炸影像，你就可以大显身手，创造出富有动感活力的影像作品。更妙的是，变焦爆炸技巧简便易操作，既不需要复杂设置调校（摆放摄影机拍摄的位置、设定拍摄装置等等），也不需要花很多时间进行图片编辑，只要你的照相机是配备了标准变焦镜头的单反照相机，你就不用额外多花费一分钱，轻轻松松就能拍摄出令人震撼的变焦爆炸效果。

　　要拍摄出一幅变焦爆炸作品，只需要在快门打开的同时，转动照相机镜头上的变焦镜筒，放大、缩小皆可。这种震撼的效果，是通过类似运动模糊的方式，传感器记录下影像的动态，说白了就是那么简单。比起单单使用浅景深的方式，或者运动摄影中夸大速度感的方法，变焦爆炸的过人之处在于，能够创造出非常戏剧性效果，来突出被摄体。而且，变焦爆炸方法也可以创造出惊人抽象效果，这类图片适用于做巨幅墙画作品（参见第51个专项）。如果你以前从来没有尝试这一技巧，不妨照着以下步骤，包你拍摄出绝佳的变焦爆炸效果作品。

必备器材
· 带有变焦镜头的数码单反照相机
· 三脚架

困难指数：★

变焦爆炸的拍摄技巧可以用来提高运动程度（左），或者创意出抽象图像：（上图和下一页图）。

提示：

　　曝光长度和变焦速度都会影响变焦爆炸效果，所以先试试快门时间。曝光过程中打开照相机的闪光灯，记录下变焦爆炸瞬间的清晰度。

　　变焦爆炸的拍摄技巧可以加强影像的动态感（左图），也可以创造出令人炫目的抽象效果（上图和下一页图）。

1 将照相机上的感光速度设定为最低值（通常是ISO 100），使用照相机的快门优先模式，设定足够长的快门速度，从1/50秒（恐怕时间不够长）到1秒或者更长，以便进行变焦操作。按下快门的时候，要端平照相机，均匀地转动镜头。要保证变焦里已经纳入足够的动态，在达到变焦范围的另一端之前，快门已经关闭，这样才能保证均衡变焦效果。

2 大多数拍摄场景都要求照相机不能抖动，最好使用三脚架。不管是照相机横向还是纵向的抖动，都会反映到变焦镜里，导致变焦爆炸效果显得支离破碎，缺少整体性。

3 在低光线条件拍摄变焦爆炸相对更容易些，因为这本身需要快门速度更长些。在明亮的灯光下，则需要使用中灰滤光片来延长曝光时间。

4 有些题材，比如点点闪烁的星光灯，诸如城市灯光轮廓灯饰夜景，在高对比度拍摄条件下，你可以尝试手持照相机，故意抖动照相机，并且结合变焦爆炸，来获得抽象效果。

5 一般来说，匀速旋转变焦筒，拍摄出来的效果最佳。如果你希望被摄体在某个部位比较清晰的话，可以在曝光结束之前停止转动变焦筒，或者在曝光进行到一半时开始变焦。用这种技巧，可以拍摄出光线穿透彩色玻璃，创造出奇妙的色彩斑斓的光爆效果。

6 变焦镜头可以拉近，也可以推远，特别是拍摄运动中的被摄体，例如，采用拉近的方式，拍摄一辆迎面而来的汽车，产生一种转瞬即逝的效果；而采用推远的方式，汽车在取景器中的大小，与拉近方式拍摄的时候几乎一致，但是在模糊背景衬托下，却显得呼之欲出。小心啊，汽车向你冲过来了！

作为摄影师，为了把尽可能多的光收进照相机里，我们不惜花时间、出巨资，带有大光圈的"快速"照相机镜头尽管令人垂涎，却昂贵得让人望尘莫及。有些时候，使用这些镜头的时候，快门速度保持在最快，可以创意出美妙的效果，记录下体育赛事中的精彩瞬间，或者"凝固"急速翻腾的海浪。的确，拍摄水景照片的时候，采用极短曝光时间，将水流定格，水滴在空中晶莹闪烁，这才是水景照片的上乘佳作啊！

不过，也有可以反其道而行之，延长曝光时间，使水流柔曼飘渺，营造出薄雾轻纱般的效果。在晚上低照明条件下拍摄这样的效果还比较容易。可是，要在阳光灿烂的正午，日光明亮的拍摄条件下，要捕捉到精彩的瞬间，应该如何操作呢？诀窍在于在照相机镜头上加上中性密度滤光镜（又称为ND滤光镜）。

中性密度镜无非是暗色的玻璃或者塑料，可以减少进入照相机光量，而进入照相机的光越少，曝光的时间就越长。中性密度镜均匀吸收所有波长的光，有效地使影像变暗，却一点也不影响色彩，所以被称为"中性"密度滤光镜。需要提醒的一点是，不要将中性密度滤光镜与灰色滤光镜混淆起来，尽管它们看起来很相似，但是灰色滤光镜不是专门为中性而设计的，可能会引起影像的颜色变化，还会延长曝光。

必备器材
· 带有滤光镜螺口或者滤光镜架的数码单反照相机
· 中性密度滤光镜（8×ND滤光镜就很不错）
· 三脚架
· 遥控快门开关（任选）

困难指数：★

提示：

　　中性密度滤光镜可以"叠加"使用，所以你可以使用多个中性密度滤光镜，来进一步增加曝光时间。然而，使用多个滤光镜，影像质量将略有下降，所以使用一个高强度中性密度滤光镜，反而比叠加使用三个较弱的滤光镜效果更好。可以大胆尝试把日光下的长时间曝光与"错误"的白平衡设定结合起来，可以为影像增加整体的色调（参见01专项）。

使用白炽灯白平衡，为长时间曝光的小瀑布增加了清凉的蓝色影调。

1 要长时间曝光，你需要一个与照相机镜头匹配的中性密度滤光镜。如果你所有的镜头都是相同直径标准的螺纹口径，那当然是最理想的。但是，如果使用几个不同规格的螺纹口径的镜头，还不如购买一套方形"系统"滤光镜和适配器环更便宜实惠。这样一个中性密度滤光镜可以匹配多个照相机镜头。

2 把照相机装在三脚架上，开始构图。请记住，取景图中的运动的物体，如云层、树叶和树枝、人、汽车等等，都会被模糊掉，而且如果曝光足够长，甚至完全从画面中"消失"。

3 把照相机设定在最低的ISO挡，然后选择光圈优先模式。选择最小光圈设置（最大的f/数字），因为该设置的快门速度最慢，有助于增加景深（在聚焦区域），也会略微柔化影像，因为光圈减小太多挡，大部分镜头都会表现欠佳。

4 你可以由照相机自动制定出曝光时间，因为照相机的测光会自动增加曝光时间，来补偿ND滤光镜带来的光线损失。如果你有快门遥控器或者快门线，当你触发快门的时候，为了避免晃动照相机，请使用遥控器，或者使用照相机的自拍功能来进行拍摄。

中性密度滤光镜的优点

不同的照相机制造商采用不同术语来描述ND滤光镜的暗度，容易使人混淆，以下对照栏将帮助你尽快掌握这些术语：

曝光降低系数	光学密度	曝光降低级数	光线透过比例
2x	0.3	1	50%
4x	0.6	2	25%
8x	0.9	3	12.5%

以此为指南，你可以看出，一个2倍的或者0.3ND滤光镜，会降低1挡光圈的光量，即减少50%的光量进入镜头，这意味着相应的曝光时间要增加一倍，所以，不加滤光镜的曝光采用1/60秒，那么镜头上加了0.3ND滤光镜的时候，曝光要采用1/30秒。开始拍摄该专项，上好的选择是用一个8倍（0.9）ND滤光镜，降低3挡曝光，不加滤光镜时用1/60秒曝光，加了滤光镜，用1/8秒曝光会使被摄体模糊。

08 拍摄夜景与星迹

当夜幕降临的时候，很多摄影师要么把照相机收起来，要么就用闪光灯来拍摄，真是太可惜了！因为夕阳西下之后，有一个全新的世界等着摄影师去发现。拍摄夜景摄影功半事倍，可以拍摄出惊人的佳作，而所需的是最基本的配置——一个三脚架而已！

白天，典型的摄影曝光一般都是瞬间就完成的，摄影师可以使用手持照相机进行拍摄，拍摄出模糊影像的风险很低。但是，在夜间拍摄，一次普通曝光可以长达几秒、几分钟、甚至几个小时，所以拍摄的时候必须使用某种支撑物，以防止拍出模糊照片。三脚架是摄影中最常用的支撑照相机的物体，可以折叠，便于携带。尽管三脚架也有不便之处，但是因为长时间曝光的需要，摄影师还是得带上。其它支撑方法包括把照相机放置在一个坚固平面上、豆布袋上（参见第25专项），或者使用一个固定支架之类的附加配置。

照相机与人的肉眼对夜间拍摄的照片的感光迥然不同，事实上，夜间所拍的照片，往往比肉眼所看到的效果要好，这是因为照相机不像人的肉眼那样受到感光方面的限制。因此，在低照度条件下，人的肉眼只能看到灰蒙蒙、毫无色彩的世界，而照相机却仍然能够拍出与日光下一样的色彩明亮饱和的照片。夜间摄影成功的关键在于，要抓住日落之后一小时左右的黄金时段，记录下各种色彩最辉煌的瞬间，而不要误以为夜间拍摄的最佳时间是在深夜。在晴朗无云的晚上，深邃纯净的蓝色夜空，晚霞的最后一抹余晖还留在地平线尽头，正是夜间拍摄的极佳时机，我们来看看如何具体操作吧！

首先，与拍摄日景相比，夜景的色彩对比度高，尤其是在都市进行夜间拍摄，都市大街小巷的霓虹灯广告牌、和大厦亮灯，这些明亮的灯光与黑色的夜空形成鲜明的对比。有时候，在单张影像中，摄影师不一定能够

必备器材
· 傻瓜照相机或者数码
  单反照相机（配备有
  拍摄星迹的B门模式）
· 三脚架
· 手持曝光表（任选）
· 快门遥控器（任选）

困难指数：★★

提示：

如果色彩反差大的话，可以考虑为拍摄一系列HDR影像。

设置低ISO速度和长时间曝光降噪，以减少噪点，增强色彩饱和度。

使用光圈优先模式来控制影像的景深，让照相机自动选定适当的快门速度。

左图：日落之后，夜空尚未完全变黑之前拍摄，既能拍摄到丰富饱满的蓝色夜空，还能保持夜景照片的色彩。

拍摄出那么高的对比度，因为曝光的关系，要么拍不出璀璨的灯光，要么拍不出深邃的夜空，要么两者的效果都不佳。如果发生这种情况，可以考虑拍摄一个HDR系列影像，详细信息请参阅第43专项。

此外，夜间拍摄需要长时间曝光，很多摄影师会不假思索地拨高ISO，使保证最快的快门速度。千万别这样操作！恰恰相反，要拨低ISO，以获得更好的饱和度，这还有助于防止影像中出现高ISO噪点。长时间曝光会导致出现噪点，如果你的照相机配备有"长时间曝光降噪"选项，请选择此设置。这样，你的照相机将拍摄两幅影像——一幅是夜景，另一幅是"黑框"。黑框是快门没有打开的时候拍摄的，照相机使用与原相一样的快门速度，进行了"黑"曝光。

拍摄黑框，是为了确定在相应快门速度下噪点模式，一旦确定了噪点，就可以把黑框从最终照片中删除。

在都市进行夜间拍摄的最主要挑战是如何平衡人工照明与环境光。如果一次曝光对比度太高，可以考虑考虑拍摄一个HDR系列影像。

星 迹

由于地球绕地轴每天自转一周，星星和其他天体也会出现在夜空中旋转，因为其转速极其缓慢，人的肉眼是难以察觉的，但是照相机却能够记录下星迹！本专项的内容实质上是夜间拍摄的拓展，普通夜间摄影的要求都适用，包括必须使用结实的三脚架。

与普通夜间拍摄有所不同的是，要考虑星星的位置，站在地面上观察夜空，所有的星星似乎都围绕着一个无形定点在旋转。在北半球，星星都围绕着"北极星"旋转，而南半球却没有定位的那颗极星，是由南十字星座来指引方向。如果你把照相机对准北极或者南极进行拍摄，就能拍摄到完美的圆形星迹。

要拍摄星迹照片，最好尽量远离都市的亮灯环境，璀璨的灯光会破坏夜空的纯净。去荒郊野外拍摄星迹是最理想的；当然，万一碰巧全市范围电力供应中断，抓住这样的酷酷的时机也相当不错。要选择一个夜空晴朗又无月光的夜晚，等到天空一片漆黑再开始拍摄，这样天空中就不会有任何亮光减弱星星的亮度。

如果你想要拍摄到完美的圆形星迹，要先找准空中星极的位置。如果你在北半球，很容易找到北极星，因为北斗七星（大熊星座）两端的星连成一线，直接指向

北极星，普通的天文学入门书籍都有介绍，如何找到正确定位北极星；也可以使用指南针，因为北极星总是向着北方，而在南半球，南极总是指向南方。磁场的两极与天体的两极并不完全一致，但是拍摄星迹其实不需要航海级的精确定向。

一旦你确定了北极星的位置，就把照相机对准北极星方向。你可以在白天先确定画面的构图，画面前景中可以有山、有树、有房，这样比只要弧形的星迹更生动、更有层次感。

构图完成之后，把照相机固定在结实的三脚架上，手动聚焦镜头到无限远，将光圈设置在f/8，这样星迹和前景都会很清晰。然后，确定你的曝光时间（这时手持曝光表就派上用场了）。

务必记住：曝光时间越长，星迹就会变得越长。在进行长时间曝光的时候（半小时或者更长时间），照相机要有B门模式，当你按下快门的时候，快门打开，并且保持打开状态，直到你再次按下快门。

与"正常"夜间摄影一样，把照相机设定在低ISO设置，如果你的照相机长时间曝光降噪功能，打开该功能。然后，只需打开快门，静静地坐着享受夜空的美景，等待照相机记录下奇妙旋转的星空世界。

左图：如果你的星迹照片中包括北极星（在北半球），或者你的照相机对着正南（在南半球），拍摄到的星迹成一个同心圆状。

左图和上图：拍摄星迹照片的时候，可以考虑在前景中收入其他物体，这将有助于防止星迹照片过于单调，好像只是黑色背景上一道道白色线条似的。一个不错的建议是，白天就去拍摄现场实地考察一番，使拍摄出来的星迹与景物相映成趣。

提示：

　　拍摄前，把照相机电池充满电。如果你附近有交流电源，或者有用于照相机充电的汽车适配器，可以考虑为照相机接上电源以确保其有充足的电力。

　　如果在寒冷、潮湿的环境下拍摄，你可能会遇到一个问题，在长曝光过程中，照相机镜头出现露珠或者冷凝水珠。如果发生这种情况，可以把暖手设备放在镜头上，也可以购买专用的望远镜"除露"设备。

　　在拍摄到的星迹影像里，除了星迹之外，还可能出现其他物体，轨道运行卫星的轨迹与星迹不一致，呈实心状的线条，而天空中的飞机，由于机翼和尾灯闪烁，在照片中将显示为点迹。

09 照相机抛拍

摄影中其中最新的"极限运动"是照相机抛拍，胆小之人千万别贸然尝试！概括地说，照相机抛拍包括两个步骤：按下快门，把照相机抛到空中。真的就那么简单，但是拍摄到的结果却令人炫目痴迷，绝对是杰出光的抽象艺术作品，每一幅影像都是独一无二、无法复制的。抛拍尽管不乏偶然因素，却依然还是需要一定技巧的。

着手抛拍

　　对照相机抛拍影响最大的两个要素是曝光时间和"抛的速度"，这两者会决定拍摄出来影像是否会模糊。然而，设置方面并没有硬性的规定，可以从比较慢的快门速度——大约1/4秒开始拍摄，再换成用更长（或者更短）的快门速度试一试。当然最便捷的方法是设置快门优先模式，把快门转到你想要的速度，开始拍摄。

　　至于抛投照相机，你可以轻轻地抛向空中，让照相机在空中翻滚、打转，怎么抛都可以试试，最终目标是找到你想要的最佳效果。在抛照相机之前，启动自拍装置。一般来说，照相机抛在空中之时，完成快门打开和关闭，这样的抛拍效果最好。如果你的数码照相机有很长的快门滞后功能，也可以进行抛拍。但是，使用自拍装置更加可靠，如果你有该选项，最好设置为2秒，试着判断抛出照相机的时机，尽量在快门打开之前将照相机抛向空中。如果抛得太早，快门在"飞行"中尚未打开，而抛得太晚又使照相机还没有抛出，曝光就结束了。

　　抛拍的最后一步是"牢牢抓住照相机"！当你抛出照相机的一刹那，第一本能反应就是去抓住照相机带，或者抓住附加腕带之类的，但是，这会影响照相机在空中的旋转，使拍摄受限制。此外，照相机带的扣点并不一定结实，用力拉很可能扯断。所以，还是"无拘无束"地抛出照相机吧，在地上铺些柔软物作出防范措施，当然你还得练习准确迅速地接住照相机！

当前方有一个细小的明亮的光源，抛出照相机，此时的拍摄效果最佳，图中两张影像就是这样拍摄出来的。对比度和色彩可以加强影像的抽象效果。

10 摇摄固定物体

摄影介于艺术和科学之间，摇摄既需要科学技巧，也需要艺术创造力。在拍摄赛车场景的时候，摇摄已经成为摄影师首选的视觉语言，摇摄是追踪拍摄一个运动物体，创造出背景纹理为柔软朦胧线条，而影像中心区域纯净清晰。摇摄涉及的科学性是要设定最合适的快门速度，而其艺术性则要求移动照相机的动作要与被摄体的运动高度协调。但是，如果我们更倾向于摇摄的"艺术性"，摇摄时不仅将照相机对准正在运动物体，也对准固定的物体，又会创意出什么特殊的效果呢？出其不意地对一个视觉信息丰富的景物进行短暂摇摄，比如把色彩绚丽的茂密森林拍摄出朦胧的质感，创造出一种令人激动的全新视角诠释，在快门关闭那一瞬间，为影像加添几分印象主义画作的灵动飘渺之感。

在本专项中，我们的目标是，用固定被摄体营造出运动模糊的效果。要创造出任何形式的运动模糊，无论是通过移动照相机，还是被摄体处于运动状态，都需要摄影师很好地掌控快门速度，最简便易行的方法是使用照相机的快门优先模式，因为你可以设定需要的快门速度，由照相机自动调节合适的光圈。当你追拍运动中的被摄体的时候，运动速度较快的被摄体，建议使用1/60秒的快门速度，而运动速度较慢的被摄体，则可以1/30秒的快门速度。当然，如果你要追求更富有艺术创造性的效果，使用摇拍手法，那么你尽可以大胆灵活地进行尝试，不必拘泥于画面清晰度是否完美。

要拍摄出富有创意性的摇摄照片，先把照相机固定在三脚架上，切换到快门优先模式，然后选择较慢的快门速度，可以从1/4秒左右快门速度开始拍摄，这样，你有足够的时间在曝光的过程中移动照相机，营造出运动模糊效果。然后，松开三脚架的锁定钮，可以更加随意地移动照相机。移动照相机，既可以水平方向移动，也可以垂直方向移动，甚至水平、垂直方向兼移动。不过，具体选用哪种移动照相机的方式，要根据被摄体本身的特性，比如像树木这类天然垂直的物体，垂直摇摄能够加强其造形，而横向摇摄却会使其模糊得面目全非。摇摄的时候，按下快门，在曝光过程中转动照相机，动作可以平稳舒缓，也可以急速快进，取决于你想要拍摄到何等程度的影像模糊，以及你使用何种快门速度。

下图：这里使用的是1秒钟长的曝光，照相机在三脚架上进行水平移动。

左图：在相同地点，拍摄多张均匀的快速摇摄，并使用Photoshop软件中叠加功能，创造出油画般的森林景色。

上图：这一林间美景是在1/30秒的曝光时间内，通过将照相机大幅向下移动创作出来的。

摄影最善于表现的是用画面凝固一个瞬间，但是要记录时间的流逝，却是很难做到，不是吗？翻开一本家庭相册，一幅幅照片的确记录下时间的流逝，一个婴儿降生，渐渐长大，成为活泼可爱的儿童、挺拔的少年人、成熟的年轻人，然后家族中又有婴儿降生，又开始了新的一轮循环。从本质上而言，延时摄影也类似，是在一段时间之内，拍摄一系列照片，来显示被摄体的成长或者变化，拍摄时间一般为数小时或者数天，不像是从小婴儿成长过程那么漫长，其变化过程为一生的时间。在延时摄影中，被摄体在画面里处于相同的位置，把这些影像按照顺序排列在一幅画面中，产生的效果美妙惊人。

延时拍摄可以用手动或者自动，这取决于你使用什么样的照相机，如果照相机带有内置的间隔计时器（或者"定时曝光控制计"），你就理所当然应该选择自动拍摄；如果照相机没有配备这些功能，你仍然可以拍摄一系列的延时摄影照片，但是要采用手动拍摄，使用时钟或者秒表来计时，当然还需要极大的耐心。

必备器材
· 傻瓜照相机或数码单
  反照相机
· 三脚架

困难指数： ★

以定时曝光控制计为基础的软件

除了很多照相机具有此内置功能之外，也有不少数码单反照相机也配备这一软件，你可以通过计算机来控制数码照相机。如果你仔细看看用户手册，可能会发现，该软件有一个间隔计时器功能，这样可以把你的照相机连接到电脑上，让电脑来"控制"照相机的延时摄影。还有一个好处是，间隔计时器可以直接把照片下载到你的计算机硬盘里；其不足之处是照相机必须要连接到计算机上，还需要一个外接电源，因此并不适于户外使用。

这是一幅夕阳西下的序列延时摄影作品，多幅影像结合在一起，创造出一幅气势恢宏的巨作。

拍摄延时摄影系列照片

为保证延时摄影达到最好效果，所拍摄的每一个画幅之间需要保持不变的时间间隔，整个拍摄过程中，唯一变化的被摄体有改变或者移动，所以，要把照相机固定在结实的三脚架上。

在确定曝光设置之前，你要决定拍摄这一系列照片需要耗时多久，因为曝光过程中，光线强弱会发生变化。如果拍摄时间较长，光线可能会有所改变，诸如日落、局部有云会遮住或者不遮住太阳，那么最好选择照相机的自动拍摄模式。如果你想设置一个特定的光圈速度或者曝光时间，可以选择光圈优先模式或者快门优先模式，也可以选择程序自动模式，让照相机自动选择设置。如果拍摄过程中光线照明没有变化，例如对建筑物内进行一段时间的拍摄，那么你可以使用手动模式设置曝光，这样设置保持不变。

然后，设定照相机间隔计时器（如果你有的话），时间长短取决于你的被摄体。例如，早晨一个小时内，花朵就会完全开放，那么你可以设定每5分钟拍摄一张照片，这样，在60分钟之内，你可以拍摄12幅照片。如果你没有把握应该拍摄多少幅照片，那么宁可多拍几幅，后期处理时可以删除一些，这总比拍摄结束的时

候，才发现已经错过了一个关键时刻要好得多。有一点非常重要，长时间拍摄多画幅影像，在整个拍摄期间，必须保证照相机有充足的供电。能够找到家用电源插座的话，可以把照相机AC适配器接到电源上，这一点非常关键，尤其是你把照相机连接到计算机上，没有外置电源的话，万一照相机电力不足，或者拍摄了第一张以后进入睡眠模式，计算机和照相机之间的连接可能出现停止响应的情况。

如果你使用手动拍摄模式，可以忽略前面提到最后阶段，因为照相机是由你来掌控的。你可以在拍摄的时候，打开照相机，不拍摄的时候，关上照相机，因为拍摄一结束，影像就已经储存到卡里了。手动拍摄的缺点是，整个拍摄期间，你必须一直在场反复操作这样的程序，直到完成计划的拍摄。实际上，你等于变成了一款人工定时曝光控制计！

一旦你完成了整个系列拍摄，可以下载影像，然后进入后期处理过程。这一过程可以很简单，你只要把所有的影像按顺序放到同一个页面上，或者分别把它们打印出来，创作出一些墙面艺术作品（参见第51专项）。另外，为什么不把影像放进视频编辑程序呢？通过把它们拼接成一幅幅电影画格，你可以创作出系列照片的"定格动画"。要是你打算做一个电影短片，需要记住的是，每一秒钟的视频你需要有24幅至25幅影像，这就需要你拍摄出很多幅系列照片！

这一经典的间隔摄影序列，展示了花朵绽放的全过程，拍摄的时候，以白色为背景，达到系列影像无缝拼接的效果。

12 拍摄烟雾

出现烟雾往往是出人意料的，拍摄时一般需要避开烟雾。但是由于烟雾出现的时间非常地短暂，烟雾又能够产生某些你所喜欢见到的特别美丽的抽象照片，您所创作的引人注目的图像是完全不可能重复的，因此两次拍摄决不可能完全相同。然而，在创作这类独特艺术品的过程中，确实需要一定程度的耐心。在您学习探讨拍摄方法可行与不可行的过程中，您会看到许多拍摄不太成功的图像。在烟雾还不是您最拿手的摄影科目时，为了最终结果非常值得您去付出努力。

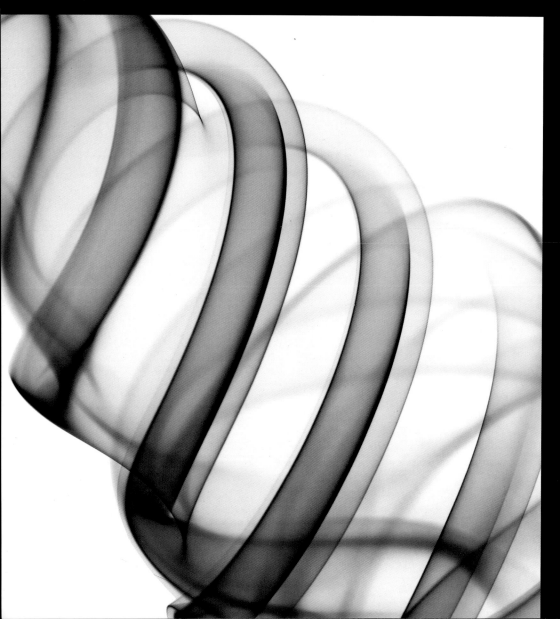

必备器材
· 具有手动曝光控制的自动对焦（傻瓜）相机或数码单反相机
· 外接闪光灯
· 三脚架
· 焚香棒或焚香锥
· 黑天鹅绒或类似材料
· 图像编辑软件

困难指数：★ ★ ★

左图：反转一幅烟雾图片使背景从黑色变为白色，而数码配色则增强了摄影的抽象特征。

提示：
如果您使用Raw格式拍摄，您可以在拍摄完以后再微调曝光。在您转换文件的时候，您还可以调整所选取的画面、对比度和色彩。大部分Raw存储格式会允许您应用各种设置方式来批量处理画面，使在同一时间拍摄的照片更容易编辑和优化。

在您布置使用黑色背景拍摄以后，反转影像的色调是一种流行的技术，该技术将给您拍摄烟雾提供纯白色背景。画面的色彩也会随之得到改变。

拍摄位置

烟雾摄影需要在室内进行，这样才能得到强有力的烟缕。您需要确保房间里不会出现任何微风，或者较强的气流，否则在您抓住机会拍摄之前，烟雾将会消散。

然而，您又需要让房间通风良好，以避免烟雾过浓，使房间烟雾缭绕，这将降低图片的对比度和清晰度。这显然又与在没有风的环境下工作的想法是背道而驰的，所以最好的折衷办法是采取最多进行15分钟左右的拍摄，然后让房间先通风，再进行下一次拍摄。

设　置

进行烟雾拍照并不需要一大批昂贵的设备，您需要的只是一台带有手动曝光和手动调焦设置的照相机，一只可以外接的闪光灯，一些作为背景的黑色布（最好是天鹅绒），以及某种可以产生烟雾的器材，最好是焚香棒或焚香锥，可以产生大量的浓烟和令人兴趣盎然的气味。

这四种小设备的安装非常简单。首先把背景布钉在墙上，将照相机安装在黑色背景前面的三脚架上，三脚架离黑色背景大约3英尺（1米）。将焚香棒或焚香锥安放在背景和照相机之间，把闪光灯在放旁边一侧，或者稍微靠后一点，指向您认为会出现烟雾之处。

通过在闪光灯的前面安装一个聚光罩（请参见第34项）来尝试聚光，是个相当不错的好主意，可以防止从墙壁和您正在拍摄的房间天花板上反射出任何杂散光。杂散光会减少影像对比度，而您一定希望您的照片要有尽可能高的对比度，以显示出烟雾中细腻的影调。

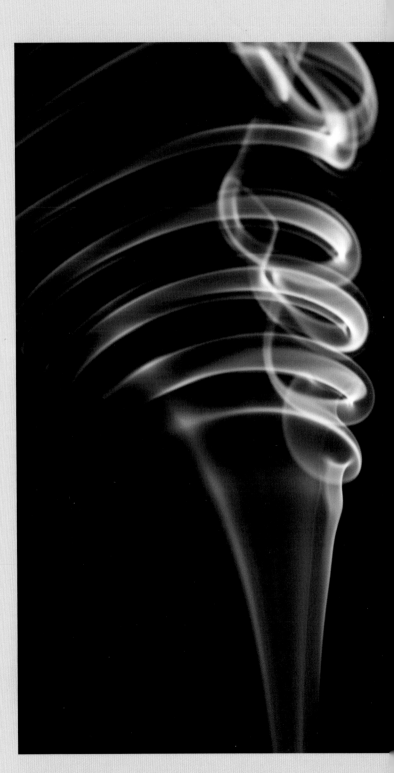

右图：在黑色背景的衬托下，用Raw格式拍摄的烟雾照片会呈现出灰蓝色的烟雾。这种现象当然可以自然形成，但是许多烟雾摄影师使用影像编辑软件来改变影像的色彩。

照相机设置

组建好您的"烟雾工作室"后，就可以开始拍摄了。在此之前，您还需要设置您的照相机和闪光灯。

快门速度：您需要使用高速快门来定格不断移动的烟雾，使最终的影像可以尽量保持轮廓鲜明。把照相机的快门设置成与闪光灯同步的最快的快门速度——通常是1/125秒或者1/250秒。

光圈：如果您设置成小光圈，就会得到相当不错的景深。同样，这也是为了使烟雾保持清晰，因为烟雾不会规则、呆在镜头前的某一个地方。开始时，可将光圈设置为f/8或者更小点，并把您的照相机设置成手动模式。

感光度（ISO）：选择ISO100～200的低感光度，确保您所捕获到的图像尽可能无噪点。烟雾已经具有略带颗粒感的质地了，您不需要再放大。

聚焦：因为需要在黑暗中工作，照相机的自动对焦功能很难对烟雾聚焦，所以，手动对焦就是最佳的选择。将照相机设置为手动对焦，把被摄物体放在您认为烟雾会出现的大致位置（香烛上方），完成对焦工作。

闪光灯：高速快门、小光圈、低感光度的组合叠加，综合起来就意味着需要您的闪光灯释放出大量的光。如果您的闪光装置允许的话，就把它设置为全功率，并把它放在接近烟雾的位置。

拍 摄

现在，您的照相机已经完成了设置，可以点燃香烛开始拍摄了。开始时用基本的设置先试拍几张，然后在您照相机的液晶显示屏上检查这些照片的拍摄情况。您会希望烟雾最亮的部分比较明亮，而又不过度曝光，当然同时您又不想让影像曝光不足，或者让烟雾混合进入黑色的背景中。反复试验是唯一正确的选择，因为每项设置都会稍有不同。

调整闪光功率的大小（或者距离）和光圈设置，直到达到正确的曝光设置为止，然后再真正开始拍摄。当您在拍摄的时候，不要再向取景器里看—照相机已经被设定，因此没有必要了。相反，当烟雾在您面前移动时，您却要仔细观察，在最有趣的图像形成的时刻，设法抓紧拍下这些画面。为了能够创造出更多的抽象影像，可以轻轻吹动靠近的烟缕，使空气适当进行流动。

后期处理

对于烟雾图片来说，后期处理和拍摄同等重要。因为在这个阶段，您要选择、编辑，并可能要为影像着色。第一阶段是缩小选择范围，从您所拍摄的所有图片中选择最有趣的影像，使用影像编辑程序的裁剪工具，以便重点突出和分离出抽象的烟雾图像形态。

接下来是调整背景，使其成为纯正的黑色，然后突出烟雾的对比度。您可以使用Adobe Photoshop中的色阶和曲线完成这项工作，或者通过使用变暗工具使阴影部分变暗，使用变亮工具使强光部分变亮。当然您也可以使用编辑程序把背景调成黑色。

在这一阶段，您所拍摄的影像看上去相当不错，但烟雾却可能是灰色的，完全没有生气。正因为如此，很多烟雾摄影师选择给烟雾着色，有些甚至先把照片进行反色处理（见提示），使它形成清澈如玉的洁白背景。您也可以使用任何颜色调整工具来添加颜色，因为背景是纯黑色（或者白色，如果您预先进行了反色调处理），这是不会改变的—只有烟柱本身的颜色会受到影响。

13 高速拍摄水滴

高速拍摄水滴的大照片看起来令人称奇，尤其是人们将其用来印刷出更为震撼的巨幅图片的时候尤其如此。然而，这件事情看起来——听起来也一样——似乎是非常难以做到的大事。很多人还认为，要取得良好的效果就需要最昂贵的照相机，最先进的闪光器材和一整套专用设备。但是，其实情况并非如此——拍摄水滴照片最主要就是要有良好的、长久的耐心，这是成功实施这个项目的最高难度等级的唯一原因。

必备器材
·带有手动曝光控制、手动对焦和微距镜头（近摄镜或近摄功能）的傻瓜照相机或者数码单反相机
·外部闪光灯（可任选）
·三脚架（可任选）
·快门遥控器（可任选）
·滴水管（烤鸡用的滴油管）
·装水用的器皿
·彩色背景（可任选）

困难指数：★ ★ ☆

分光器

　　如果您一开始就认真地对水滴拍摄，那么就可能要设法找到（或者制作）一个分光器。分光器的复杂程度各不相同，但主要原理是基本相同的，就是把一束不显眼的光投射在水面上方，当水滴穿过光束的时候，在预先测定好的若干分之一秒后，照相机将自动启动。在照相机拍摄之前，通过对分光器的位置和水滴落水时间进行认真计算来确定这一延迟时间，让整个过程变得更加可控，这样才能保证您可以连续记录下完美的水冠和水滴。然而，在使这个过程变得更加可预测的同时，有些人会说，这是把意外发现的艺术变成了科学。

设　置

　　开始拍摄前，先在桌子上放一个装水的容器。这里是水滴将要形成的地方，可以使用任何您喜欢的物件，从鱼缸到玻璃杯，但必须要考虑到拍摄时是否能够看到水容器的任何部分。如果能够看到，就要考虑选择与图片相匹配的物件。还要考虑容器的颜色，因为这可能对最终影像产生重大影响，尤其是如果它会出现在所拍摄的照片里，或者作为背景出现。容器放置到位后，再调整好照相机。您可以用手持方式拍摄水滴，但强烈建议您把照相机安置在三脚架上。很简单，这样您就可以设置好焦点，而且不会因为照相机的晃动而出现变化。照相机的关键控制措施是手动曝光和手动对焦。此外，必须要精确地聚焦，而数码单反照相机上的专用微距镜头是最佳的解决办法，其次是采用近摄镜。如果您使用的是傻瓜照相机，那么就使用它的微距模式。把相机切换到手动对焦，并在容器中选择一个您所希望出现的水滴水面落点，而水面的正中位置往往是理想的选择。拿一支铅笔，或者类似的物品，在这个位置水面的正上方，调好焦距。在您聚焦的时候，可以让别人来帮您拿着铅笔。

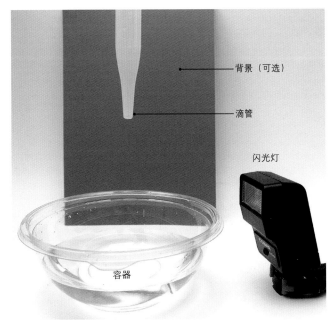

背景（可选）

滴管

闪光灯

容器

13 > > >

曝光设置

对水滴进行拍摄的基本标准与拍摄烟雾情况相类似，需要高速快门，小光圈，低感光度和充足的光线。这就意味着需要把照相机切换到手动模式。

为了保持水滴的轮廓清晰，应该把照相机的快门速度设置为最高闪光同步速度——通常是1/125秒~1/250秒。确定f/ll~f/22的小光圈，这样就能得到较好的景深。（因为水滴不是都能够精确地控制在同一地方，所以这是很有用的，而且微距拍摄自然就具备了较浅的景深），最后设置成低感光度以获得最流畅的效果。

闪光灯是照射水滴的最佳选择，因为它会产生一种短暂清晰的瞬间照明，有助于使水滴可以清晰地定格。您也可以使用照相机的内置闪光灯，但使用外置闪光灯较为理想。外置闪光灯不但光亮度会更加强大，而且还可以把它放在远离照相机而又靠近水的地方，这样就会使您在保持更高的快门速度，较小光圈和低感光度的同时，能够提供足够的光线。先拍摄几张测试片以获得正确的曝光，通过增加或者减少闪光灯的功率，把闪光灯移到更靠近水或者更远离水的地方，直到它产生适量的光，以便与您的照相机设置完全相匹配。

拍　摄

现在到了关键的时刻！使用滴水管（或者滴油管），把水滴入容器中，您要尽可能地让水滴落在您调焦后的区域内。接下去您就疯狂地拍摄吧！在这里，快门遥控器是很有帮助的，因为您可以在滴水和拍摄的同时，不用担心碰到照相机。如果您的闪光灯能够快速充电，使用照相机的连续拍摄模式也许会更有帮助。当照相机启动的时候，水滴所处的位置将决定您所拍到的是一滴水滴、一朵水花、还是一顶完美的"皇冠"——关键是不停地拍摄，并能够捕捉到它们的完美瞬间。

拍摄水滴时，测定拍摄时间就是一切，这就是为什么需要有很大的耐心——您所拍摄的每一百张照片中可能只有一两张是好照片。然而，随着不断地练习实践，您测定拍摄的时间将不断改善，而您的成功率也将会随之增加。

上图：使用彩色背景对水进行拍摄是让色彩介入的好方法。

右图：除了要针对水滴飞溅下来进行拍照外，还要考虑整个过程的起始阶段。

　　既然已经掌握了拍摄水滴的基础知识，为什么不把它稍微扩大到更具创意性的领域？

　　可以尝试着给您要滴的水中增加点食物染料，在水滴和它撞击着的水面之间创造出更加鲜明的对照。或者，也可以尝试把彩色的水滴滴进纯白色的牛奶中，第34页上的照片显示了牛奶被倒进咖啡时的情景。

　　在整套滴水系统后面放置彩色背景，它的颜色会反射到水滴中。这可以用来添加抽象的形式感，甚至可以尝试将影像通过水滴加以折射。但请记住，水滴的折射会〝翻转〞这个影像，如果您想让图像在水滴中以正常的方式出现，那么请将背景倒置。在这种情况下背景就会明显地集中在水滴里，但图片的其它部分将会变得模糊。

　　紧密连续地滴下两滴或者更多的水滴，这样当第一滴水从容器里升起的时候，第二滴水似乎就坐在第一滴水的上面，或者创造出一个〝双飞溅〞的效果——像在第36页照片所展示的那样。排列组合的空间是无穷无尽的，问题只是取决于您让您的水滴相距多远，以及何时才是拍摄的最好时机。

14 用光线绘画

英文的"摄影"一词来自两个希腊文字，大致可以翻译为"光线画笔"或者"光线绘画"，但更常见的翻译却是"用光线绘画"。作为摄影师，主要依靠场景中光线的反射来帮助我们及时捕捉某个瞬间从而创造出无比精彩的影像。在很多情况下，摄影师都在寻找令人惊奇的自然光，如日出、日落，激动人心的天空，甚至是照亮夜间场景的人造光。但是，我们也可以按照我们所希望出现的方式照亮某个场景，就像画家可以按照他们自己的解释创造出某个场景那样。当使用工作室里的灯光拍摄人物肖像或者其他作品时，这是最明显的。但人工照明不必要仅仅局限于工作室内。有了闪光灯、电筒、发光二极管，甚至激光，您就可以以您所选择的任何方式照亮某个外部场景，创造出您自己的现实版本。这就是真实的"用光线绘画"的创造性解释。

必备器材
· 带有B挡快门设置的数码单反照相机
· 手电筒、闪光灯或者类似器材

困难指数：★ ★ ★

下图：使用彩色闪光灯可以为用光线绘画添加额外的维度。在下面作品的创作过程中，将黄色闪光照射在顶部和底部，将蓝色闪光投射在栅栏门上，而将红色闪光照亮了每一个小房间的内部。

室外摄影

就像一个画家，为了画画，就得用一块完全空白的画布开始画他所需要的作品。而作为摄影师，这里的"画布"需要则是黑色的，以便于在您对胶片或者影像传感器曝光的时候，您可以把光添加或者"绘制"到影像上。如果是在夜晚工作就为您提供了做好这一点的极好机会。闪光灯是所使用的最明显的光源——尤其是在该场景中有其他人——因为它会对任何运动定格。当然使用任何可以产生光线的东西都是可行的。

设法找到一个合适的场景来布光，并应该考虑需要给哪些区域布光，如何对它们进行布光，甚至还要考虑想用哪种色彩的光来照亮它们。在林地场景中，使用冷色调的蓝色和绿色，可以使它变成一个梦幻般的环境；而在玻璃和钢铁建筑物上，使用各种不同的彩色光进行照明，可以使它看起来就像来自某种科幻电影中的神奇事物。通过使用色片来罩住闪光灯或者光源也可以获得彩色效果。

如果您很幸运地拥有多只无线闪光灯，则可以把它们隐藏在场景的周围，来照亮所拍摄物体的各个部分。开始可以把光圈设定到f/8，然后把照相机的快门设在B门模式。调整闪光灯的亮度，直到达到您所需要的效果为止。

使用一只闪光灯也可以达到同样的效果，但是您得有点思想准备，必须得跑来跑去。把照相机安置在坚固的三脚架上，并采用环境光读数，看看对场景曝光需要

上图：为了照亮您所拍摄的物体，可以使用能够产生光的任何设备。在上面这种壮观的汽车拍摄中，一缕光"魔"迅速地围着汽车移动，增添了动态橙色的光迹。

多长时间，再决定您想让场景有多少环境光线（通常您会希望曝光后夜空不是完全的黑色）。

现在，把照相机的曝光设置为手动模式，闪光灯设置为大约1/16的功率，然后按动照相机的快门。让快门处于开启状态下，围着场景移动，打亮闪光灯以照亮不同的地方。在您这样做的时候，最好穿黑色或者深色服装，这样在影像中就不会看到您了。应该确保不要直接对着镜头闪光，否则影像上会出现光晕。

拍摄完成后，看看哪些地方已正确曝光，哪些地方还没有正确曝光。为了对每一个地方都进行有效曝光，可能需要多尝试几次，才能找到应该使用的准确适量的光。您可能还会发现，需要在某个场景里面及其周围进行多次闪光，或许需要加大闪光灯的功率。一组新的电池，甚至是您的闪光灯外接电源，在您再次闪光之前应该加快充电时间。

整个过程可能都是碰运气。如果您只想用很短的时间涵盖大面积的区域，应该再找另外一个人帮您进行闪光，而由您来按动照相机，这会是个好办法。另外，可以设置小光圈和最低的感光度，这样就会有较长时间的曝光，也会拥有更长的时间来照亮整个场景。

上图：最有趣的影像往往是由光线绘画和环境光有机地结合在一起创作而成。

闪光灯

闪光灯并不是照亮场景的唯一工具，小型手电筒同样有效。必须再次强调，从测量环境光来开始，并把照相机的曝光设置为允许这样的光线进入影像。现在，再使用手电筒照亮部分场景。手电筒没有闪光灯功率那么大，所以必须使用稳固的三脚架，为长时间曝光做好准备。除B门设置以外，大多数数码单反照相机允许长达30秒的曝光时间。

手电筒比闪光灯具有更强的指向性，这样就可以让您精确地去选择在黑暗中需要照亮或不照亮的部位。将手电筒作为画笔来使用，把光画到所拍摄的物体上时。请务必不停地移动手电筒，这样光迹就显得顺畅，并避免出现溢光点。很明显，根据布光区域的不同大小，还可能需要不断调节手电筒的输出功率，甚至可能在同一作品中使用不同的手电筒，正如您可能会使用不同大小的画笔一样。

光条纹

您可能还记得孩提时代在夜间使用焰火来画出各种各样的形状，并在空中写下您的名字。使用三脚架和长时间曝光，就可以捕获这些光迹。您可以使用一束焰火、一把手电筒、一盏灯——任何光源都会产生某些效果，绘制出一幅美丽的图画。

再次强调，应该穿黑色或者深色衣服，这样您就不会出现在影像中。然后打开光源，把光投向照相机的方向，而不是直接投向镜头，因为这可能会引起光晕。现在，您就可以大胆画出您的光线轨迹。尝试做这样一个实验：通过使用光束来勾画出某个场景的一部分。使用手电筒勾画出一辆汽车的轮廓或者树的轮廓，或者使用不同颜色的灯光勾画出场景中不同物体的轮廓，您甚至可以用光来画出卡通风格的人物，如左图显示的影像。

右图：通过使用手电筒，用光勾画出部分影像，或者用光指向照相机，画出"写意"的影像。

提示：

在室外工作，配置助理可能是有用的。他们不仅能够帮您按下照相机的快门，还可以跑来跑去帮助您给大片场景照明。如果没有任何人可以帮助您，那就应该使用红外遥控器来操作快门。这样有助于您进入场景，开始用光绘画。如果要给一个面积较大的场景照明，就要做到分秒必争！

彩色灯光色片与闪光灯一起使用，可以产生不同的彩色光。也可以购买彩色滤色纸，并剪成某种尺寸。如果您不想投入很多钱，甚至可以用糖果纸或者塑料袋来改变光线的颜色。

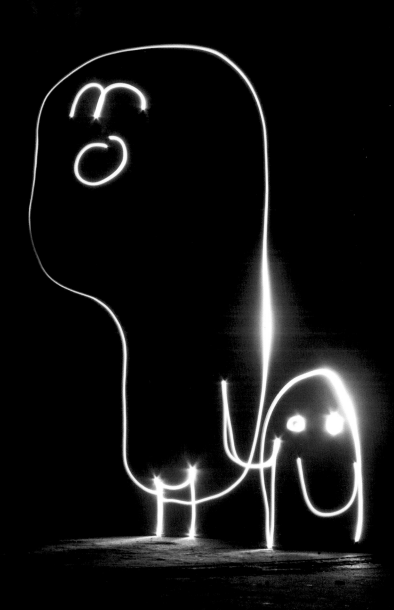

15 玩具照相机

像戴安娜（Diana）型和好光（Holga）型这样的玩具照相机已经存在了几十年，但是对于摄影来说，只是近几年来，由于它们技术含量较低而广受欢迎。作为"反数码"的代表，简单的塑料机身与胶片的组合，把摄影师带回到了基础阶段，提供了真真切切的"自己动手"拍摄的方法，这种拍摄方法在数码摄影中是完全行不通的，一般人也常常认为是高不可攀的。

好光(Holga)型和戴安娜（Diana）型仍然是当今最流行的玩具照相机，使用120（中画幅）胶片，尽管这种胶片的生产量已经急剧下降，但还可以在市场上找得到。两款照相机具有类似的特性，它们可以拍出具有渐晕、柔焦效果，边缘明显模糊的照片，这些都是它们的典型特征。渐晕是因为画面角落附近光的变弱，而一般的模糊和柔焦效果是由于镜头的简单结构而造成的。这些画面效果却往往是大多数摄影师在使用这些照相机时渴望实现的，结果很多照片成了瞬间艺术作品。

原始版本的戴安娜型产自20世纪60年代至70年代，现在已经不再生产，但您仍然可以找到它们，还可以在互联网拍卖网站和清仓拍卖时找到它们的"克隆"品（这些照相机做得酷似戴安娜型照相机，但会使用不同的名称）。好光(Holga)型是一款更具现代化特征的照相机，而且现在仍然还在生产。最新款式的好光(Holga)120N设有长时间曝光的B门模式和三脚架接口。由于这款照相机非常容易拆卸，如果您要把它改装成具有真正独特效果的照相机，那么它会是一款完美的照相机（见第16专题）。除了这两种"基本"玩具照相机外，LOMO摄影公司最近制作出了一款新的称为"戴安娜+"的相机。虽然忠于原创，但新机型包括了能够拍摄4x4cm或者6x6cm影像的功能，并附带有一个附加针孔光圈和三脚架接口，使其成为有抱负的创意摄影师所喜闻乐见的终极玩具照相机。

必备器材
· 玩具照相机（好光、戴安娜或者戴安娜+）

困难指数：★

下图和右图：渐晕和柔焦效果是戴安娜相机的典型特征，就像在下图中所看到的一样。

戴安娜+型　　　　　　好光120N　　　　　　戴安娜型

其它玩具照相机

与好光型和戴安娜型照相机一样，有很多照相机可以归入"玩具"类照相机。所有这些照相机都会产生令人兴奋的、独特的效果。可以在市场上设法得到的照相机款式包括：
Holga 135BC，
Lomo Actionsampler，
Lomo Supersampler，Lomo Fisheye(and Fisheye #2)，
Powershovel/Superheadz Blackbird，Powershovel/Superheadz
Golden Half，and the Vivitar Ultra Wide & Slim.

好光和戴安娜照相机性能一览表

	好光120N	戴安娜（原款）型	戴安娜+型
胶片	120 mm	120 mm	120 mm
规格	16幅（6x4.a5cm） 12幅（6x6cm）	16幅（4x4cm）	16幅（4x4cm） 12幅（6x6cm）
镜头	单片塑料	单片塑料	单片塑料
光圈	晴（f/11） 多云（f/11）	晴（f/22） 晴间多云（f/16） 多云（f/11）	晴（f/22） 晴间多云（f/16） 多云（f/11） 针孔（f/150）
三脚架接口	有	无	有
B门	有	有	有
多重曝光	有	有	有
漏光	有	有	最小到无
渐晕	有	有	有

玩具照相机技术

无论您是否改装了您的照相机，玩具照相机开创了创意摄影世界无数的可能性。这里是您可以采用的某些技术。

全　景

使用一台好光型或者黛安娜型照相机只要重叠多幅画面，就可以轻松如意地创造出庞大的全景场景。进行全景拍摄需要掌握两项主要技巧：旋转和缓慢移动。这两项技术需要从您所拍摄对象的左边开始拍摄全景系列，并在右边结束——这是因为胶片是从左至右进片的。

旋转涉及到拍第一幅画面，卷动胶片，将您的身体转向右边，拍摄随后的画面。第二种方法（缓慢移动）要求您拍第一幅画，推进胶片，然后身体向右移动，而

不是转动，拍摄随后的画面。使用这两种方法都应该稍微重叠拍摄对象，在整个序列画幅的拍摄中，照相机应该始终保持相同的高度。旋转技术最适合拍摄风景，而缓慢移动则最适合拍摄较近的物体。

在拍摄全景时，您要知道两幅画面之间将胶片推进了多少，这是很重要的。您可以参照照相机上的胶片计数器，但不能够完全按照它进行拍摄，因为它会令您拍摄出具有间隔的画面——而您是想用这种技术把照片边缘略为重叠，以拍出连续的全景。幸运的是，除了胶片上的数字，我们发现好光、戴安娜和戴安娜+三种类型的照相机上都有一个共同的参考点，这就是旋钮上的箭头，箭头指向胶卷卷绕的方向。如果您把箭头的尖端看成是时钟的指针，所有您所需要知道的就是，为了实现照片的重叠，两幅画面之间您要转动多大的幅度。方便的是，为了保持曝光略微有些重叠，使用好光型照相机时的最大卷片范围是完整地转动一圈，也就是刻度

盘上的完整"一小时"。使用戴安娜或者戴安娜+型照相机以4x4cm画幅（16幅／卷）拍摄时，为保持画面重叠，应该转动刻度盘大约43分钟（恰恰是一圈的3／4以下），而如果您使用戴安娜+型照相机以6cmx6cm的画幅拍摄时，应该转动刻度盘恰恰在一圈的3／4以上（50分钟）。

多重曝光

由于玩具照相卷片机构与快门机构不联动，所以很容易在同一画面形成多重曝光。无论是有意的或者"幸运的意外"，多重曝光有时可以拍摄出很有趣的照片。把不同的元素，如天空和人的头部结合在一起，会让您看起来人好像在云彩中漂浮一样！在进行多重曝光拍摄时，必须牢记第一次曝光会在画面上出现最重的痕迹，可以为更多的重叠半透明层补充曝光。

B门曝光

好光120N和戴安娜+型照相机都有B门曝光装置和三脚架接口，使用这些照相机就可以很容易地进行长时间曝光。长时间曝光可以用于弱光摄影、夜间摄影，或者只是为了在移动的物体上创造出有趣的效果，像水或者星星。

长时间成功曝光的关键是要知道保持快门处于打开的状态要持续多长时间，这取决于可使用的光的多少及胶片的速度。在日光条件下拍摄需要慢速胶片，像ISO50或者ISO100，而获得正确的曝光最简单的方法是使用数码照相机作为测光表。把数码照相机的光圈和胶片速度设置成玩具照相机的光圈和胶片速度相匹配。数码照相机就会为您提供可以用玩具照相机拍照的曝光时间。为了尽量减少照相机晃动，请使用三脚架和快门线。

上图：使用照相机的B门，慢速胶片，中性灰密度滤光镜，可以让您创意出长时间曝光所产生的梦幻般影像。

左图：由于卷片机构和快门机构不联动，所以玩具照相机让您轻松地重叠画幅，创意出多重拍摄的全景。

提示：

交叉处理胶片并不是专门针对玩具照相机的一项技术，但它却是一项通常用来实现有趣拍摄效果的技术。该技术涉及用幻灯片（反转片，或者E6）拍摄，把它放在C41化学药物中冲洗加工，或者用C41胶片拍摄，用E6显影剂冲洗加工。用您所选择的胶片正常拍摄，并请您的冲洗加工实验室对照片进行交叉处理。其结果将是强烈的对比和色彩转移。第44项专题向您介绍如何使用影像编辑软件重新进行创意的技术。

16 改装好光（HOLGA）牌照相机

您可以很容易地获得好光120型玩具照相机，因为它非常便宜，而且对于有创意的摄影师来说最好的是在于它易于改装，或者"做旧"。虽然120系列有很多型号，120N是最简单最便宜、最流行的款式，同时它也是这里所要讲的一款照相机。120N照相机是120s的升级，于2004年面市。虽然它是一款很好的照相机，但是通过一些简单的改装可以大大提高照相机的拍摄能力。以下涉及到了四个方面的改装：延长焦距，改动光圈，防止漏光，在长时间曝光时防止照相机抖动。

必备器材
· 好光型照相机（120N）
· 一套螺丝刀
· 十字（跨头）螺丝刀
· 开槽螺丝刀
· 黑胶带
· 剪刀
· 背景屏，非反射喷漆
· 圆形或按钮头式螺钉
· 镜头盖
· 三脚架

困难指数：★ ★ ★

左图：漏光可以为好光型照相机拍摄的照片添加额外的维度，也可能会对拍摄起到破坏作用，这要取决于您的视野。如果您想要高质量的影像，就要考虑照相机的"防漏光"问题。

下图：通过在快门开关和照相机机身之间插入一颗螺丝，可以保持快门打开，以防止长时间曝光拍摄的随意抖动。

拆除前部件

拆除好光型照相机前面的部件，是进行大多数改装的开始。拆解照相机，虽然听起来有点吓人，但其实并不困难。

首先把照相机的后盖取下来，就会看到照相机上有两颗固定整个前部件的螺钉（A）。卸下螺钉，拿掉前部件。

您会看到有两条防止部件完全掉下来的黄色电线（B），这两条电线是用于连接热靴的。强烈建议您，如果不打算使用外部闪光灯，就剪断这两条电线。不过，即使想保留（和使用）热靴，仍然可以进行改装，但带着这些附属电线工作会使事情有点儿麻烦。

前部件拆下来以后，现在就可以开始改装好光型照相机了。

A

> **提示：**
>
> 在拆下前部件的时候，如果您切下了两条黄色电线，那么就需要用一块黑色胶带遮盖留下来的孔，以防止漏光。

B

扩大聚焦

好光型照相机有一个非常简单的筒形调焦结构，它涵盖了从"一人"（近）至无穷大（远）特定的调焦范围。通过转动筒形装置来控制距离的调焦结构（也称，调焦范围），只不过是一颗简单的螺钉，该螺钉阻止了筒形调焦结构从某个点超转过去，拆下该螺钉以后就可以扩大调焦范围。

再看看快门后面的配件，确定固定在孔内的螺钉（C），用一把小十字螺丝刀卸下该螺钉。现在就可以把好光型照相机的镜头从照相机上拧下来。这样与平常比较您就扩大了调焦范围。当然您也可以旋紧镜头，把这种有限变成"超越"的无穷大。

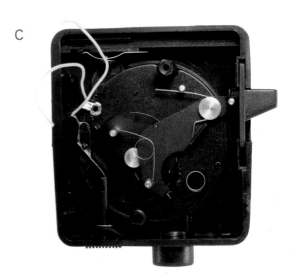

C

孔径改动

　　该好光120N照相机声称有两种光圈设置——"晴天（sunny）"（f/11）和"多云（cloudy）"（f/8）。虽然这种初始的意图讲得很肯定，但实际上根本不是这么回事，倒是成了制造商的一个败笔，这似乎意味着改变设置对您正在使用的光圈不会有任何变化。我们将用一个简单的改动来纠正这一点，这样可以让我们使用真实的光圈设置。

　　首先把镜头从照相机上完全卸下，镜头背面的中环（A）将使晴天设置产生完美的光圈。

　　使用开槽螺丝刀，撬开固定新光圈的大环（B）。把该环拆下并把它翻转到背面。需要重点注意的是，正在拆卸的光圈相当精密，所以下一步您必须要有耐心。

　　把开槽螺丝刀的尖头插入两块塑料之间（C），轻轻撬出这一微妙的光圈。光圈是用胶水固定的，所以一定要小心。如果您在一侧用力过大，它就会被弄成两半。要慢慢地沿着圆圈来撬开胶水，再拆下小环（D）。

　　现在需要拆卸快门板。找到固定快门部件的两颗螺钉（E），但在拆卸前，应该花点时间明确确定快门板的位置。当螺钉被拆卸以后，右侧的快门触发器就会掉下来。重新组装有点像拼图游戏，但并不太难。卸下螺钉，小心地取出快门板。

　　随着快门板的拆除，我们会看到一个控制光圈装置的摇臂（F），来回移动光圈转换开关，就能看清楚它是如何工作的。当光圈被移到"晴天（sunny）"时，该摇臂就会处于中心。正是在这个方孔上，您要增加一个刚刚拆除下来的光圈环。

　　只需用胶带把光圈环固定在方孔上，您就搞定了。做的要比说的难得多，因为需要在胶带上剪一个足够大的孔，使光圈正好坐落在上面，然后把光圈环固定在方孔的中心（G）。如果您用剪刀剪一个小洞不是那么稳的话，可以尝试使用文件孔冲头打这个孔。把胶带牢固地粘在摇臂上，确保新的光圈环不会受下面的方孔或者任何一点胶带的阻碍（H）。

　　现在可以重新装回快门部件，通过曲折过程重新组合，您的好光型照相机就会有"合适"的光圈装置。

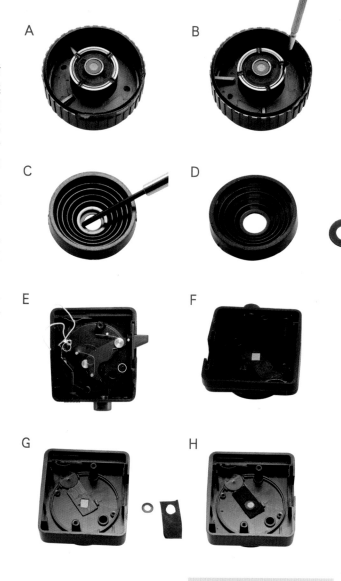

A　B　C　D　E　F　G　H

> **提示：**
>
> 　　快门部件要紧贴在一起，由于对摇臂添加了一点额外的胶带，您会注意到光圈转换开关有点紧。为了避免出现这种情况，可以松开控制快门板螺钉的四分之一转，允许有一点儿弹性。

防止漏光

其实漏光一直伴随着好光型照相机。但是，尽管某些好光型照相机用户喜爱漏光（甚至鼓励漏光），但是其他的用户则讨厌漏光，改装就是为了那些不喜欢漏光的人而设计的。由于您要封住照相机机身上的每一条缝隙，需要给机内喷漆，以防止任何不需要的光混进来。

第一项任务是给好光型照相机的内部喷漆，使硬塑料的反射面暗下来。为了保证照相机内的喷漆效果，应该在接缝的周围贴上胶带，并增加一些蒙罩胶带作为额外措施（A）。遮住通向快门部件的中心孔也是非常重要的——在这里油漆可能会导致出现严重的问题。您也应该遮住右侧胶卷槽间里的泡沫。照相机机身被蒙上后，给它喷上平整的黑色漆。应该在通风良好的地方进行顺风喷漆——户外通常是最好的位置（B）。要有足够的时间来使漆变干，然后拆除所有的胶带（C）。

接下来的任务是要遮盖一对因漏光而令人讨厌的洞孔。看看照相机背面的内部，朝上看，就会发现有两个洞（D）——用一小块黑胶带把它们遮住。

现在是装上胶片，走出去拍照片的时候了！但在您开始拍摄之前（在您装上胶片之后），应该用胶带把照相机粘牢。这样做的目的是用胶带包住照相机的所有接缝处，使光不能从任何微小空隙和裂缝溜进去（E）。不要忘记胶片计数窗是漏光的主要嫌疑位置。所以您应该用胶带把红色胶片计数窗粘上，除非是您正在倒胶片。

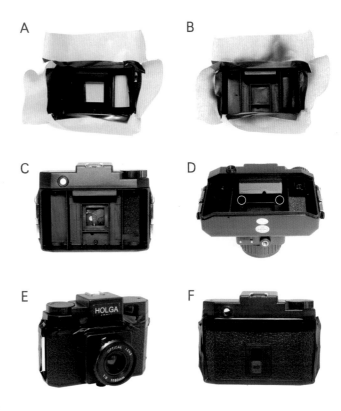

长时曝光

凭借B门设置和三脚架，好光120N型照相机具备了长时间曝光的能力。然而，即使把照相机安装在三脚架上，用手指按下快门，然后松开它，也会造成照相机的抖动。采用以下简单的"技巧"，问题迅速迎刃而解。

假设您的照相机已经装有胶片，把照相机装在三脚架上，指向您想拍摄的场景，盖上镜头盖。

为了长时间曝光，应该把曝光开关设置到B门，拿一颗圆头螺钉，把它翻转倒置。按下快门钮，打开快门（仍然盖着镜头盖），把螺钉的圆头顶住快门钮。慢慢松开快门，它就靠在了螺帽上。这是有效地"干扰"快门的方法，只要螺钉在那个位置，快门就会一直是开着的。

现在只要取下镜头盖来启动曝光，然后重新盖上镜头盖结束曝光。尽量这样仍然会造成少量的抖动，但比按"正常"方式要少得多。取下螺钉关闭快门。

显示屏摄影

取景器摄影或者称TTV摄影是一项比较新的技术。该技术把价格低廉的双镜头反光照相机或仿双镜头反光照相机与现代（通常是数码）照相机结合在一起。这一理念非常简单：使用双镜头反光照相机取景，并用数码照相机记录下出现在双镜头反光相机取景器屏幕上的影像，这些影像通常会带着所有的灰尘、划痕和黑暗的边缘。

双镜头反光照相机有两只镜头：上端镜头（取景镜头）在"毛玻璃"或者取景器上形成左右相反的倒像，而下端镜头（摄影镜头）是一只具有快门和实际拍摄照片的镜头。应用这种技术，双镜头反光照相机不需要使用胶片，所以下端镜头（双镜头反光照相机的快门）对我们毫无用处。这一点很重要，如果只是用于透过取景器摄影，您并不需要一台全功能双镜头反光照相机，因而把眼睛盯在二手商店、清仓销售或者在网上拍卖网站买一台损坏的（及便宜的）双镜头反光照相机就可以了。

柯达的Duaflex照相机和Argus 75照相机是透过取景器摄影最适合的款式，价格也不高，因为这些旧照相机多得很。并且，也不要为那些置于富丽堂皇商店内的照相机而烦心——因为透过取景器拍摄有趣照片的关键是取景器。只要您的双镜头反光照相机有取景器就够了！此外，具有各种缺陷的屏幕，例如带有圆角的毛玻璃，某些原有的灰尘和划痕，都会使照片更有趣。

有了一台双镜头反光照相机以后，下一步就是将其连接到数码照相机上，使用透过被摄影迷称为"奇妙装置"的设备来拍摄。

必备器材
· 傻瓜照相机或者数码单反照相机
· 双镜头反光（或者仿双镜头反光）照相机
· 瓦楞纸板或结实的卡片
· 电工胶带或包装胶带
· 剪刀或美工刀

困难指数：★

奇妙装置

奇妙装置是一种坚固的不透光连接装置，它在透过取景器摄影的过程中充当两个角色：从物理概念上将两部照相机连在一起，因此它们是合为一体的但又有各自正确的拍摄距离；它能够遮住光线保护双镜头反光照相机的取景屏幕，这样就能够在显示屏上获得最亮丽的影像。由于成本低和质地坚硬，瓦楞纸板是制作这个奇妙装置最常用的材料。但是，奇妙装置的设计并没有什么专门规定。在这里我会向您展示一个简单的奇妙装置。请注意，我已经把一台35毫米单反数码照相机安装在奇妙装置的顶部，但这只是因为我需要使用数码单反照相机以这样的方式来拍照！

必要的后期处理

由于大部分双镜头反光相机的取景器是方形的，而数码照相机拍摄的是矩形影像，透过取景器摄影将涵盖双镜头反光照相机取景器的整个画面，包括会带有大黑边。所以，请打开图片编辑程序，裁剪去影像部分，留下一些双镜头反光照相机的边缘。您可能同时还需要旋转它，或者翻过来，因为双镜头反光照相机的取景器显示的是一个左右相反，上下颠倒了的影像。

之后，就看您是否要调整亮度、对比度和颜色，甚至把影像转换为黑白色，以增加"陈旧古老"的感觉。

右图：透过取景器摄影的设置和结果：双镜头反光照相机取景器显示屏上的灰尘和划痕增加了复古的感觉。

多大？

第一步是要确定奇妙装置的大小，这里的主要变数是所使用镜头的类型。标准50毫米镜头会提供最小大约为12英寸（30厘米）的调焦距离。但如果是一只微距镜头，您就可能将最小调焦距离控制在最大约2英寸（5厘米）。然而，必须确保所选择的镜头可以捕捉到整个双镜头反光照相机取景器中的画面。所以需要做一个简单的测试，找出奇妙装置需要的长度。

把双镜头反光照相机放在某个平面上，朝向明亮的物体，这样就可以看到取景器影像。用胶带将一把尺子粘在照相机的侧面，然后用数码照相机从正上方瞄准双镜头反光照相机取景器显示屏，并上下移动直到双镜头反光照相机显示屏几乎充满了数码照相机的整个画面为止。检查数码照相机是否实现了对双镜头反光照相机取景屏的聚焦，然后测量两台照相机之间的距离。

根据测量数据增加所需要的材料数量，以适合双镜头反光照相机的各部位（照相机的高度是最好估计）。应该多增加一点儿，这样就会有点空间来微调焦距。

知道了奇妙装置的高度以后，就可以测量出各个侧面的尺寸。奇妙装置就要像手套适合手掌一样，以这样的原则来确定双镜头反光照相机各部位的尺寸。这就需要测量双镜头反光照相机的周长（侧面、前面和后面），然后

把这些数据记录下来并且标在纸板上。

在这里有两件事情要注意：第一，奇妙装置要宁松勿紧（可以用胶带调整松动）；第二，如果您正在使用的是瓦楞纸板，要确保奇妙装置的长度（高度）随着瓦楞纸板波纹自然褶皱，这会有助于把纸板折成立方体。

我们还要给这个奇妙装置的顶部增加一块活动挡板，为数码照相机创建一个端口。该活动挡板的长度要与双镜头反光相机的侧面相吻合。现在奇妙装置的样板可以以虚线的形式画在瓦楞纸板上，我们将沿着虚线折叠，而不是切割。

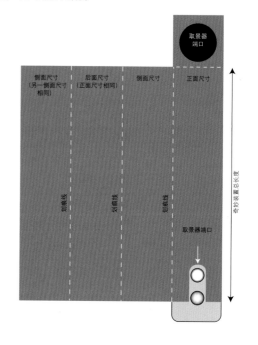

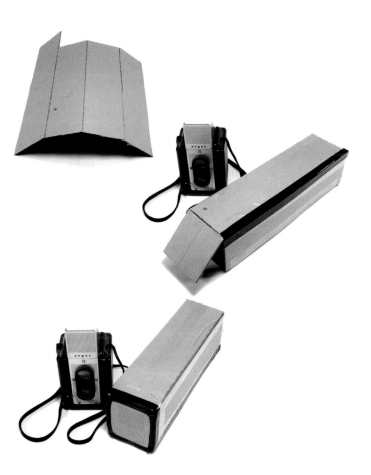

制作

　　裁剪出奇妙装置的样板，并在您想要折叠的纸板上做上记号。为了方便做到这一点，应该用一把美工刀切划过纸板的上面，但不要完全切透，您可以沿着这些切线来折叠和弯曲纸板。

　　随着模板切出，根据为折叠所做的记号，用胶带把接缝粘在一起。这样就形成了一个一端有开口的长矩形盒，与照相机相吻合，而带有活动挡板的另一端用来插入数码照相机的镜头。宽包装胶带最适用，但它是透光的。在贴上明净的包装胶带后，为了防止出现漏光，应该在上面再贴一层不透明的黑色胶带。

　　折过顶部的活动挡板，用不透明胶带密封这些接缝，再用包装胶带增加些额外的支撑力。

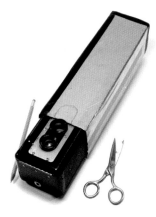

增加端口

有了以上所做的奇妙装置，现在就可以为数码照相机和双镜头反光照相机的镜头做端口了。首先拿着数码相机镜头，在这个奇妙装置顶部的活动挡板上，沿着周长画一个圈儿。切出孔，用胶带密封好边缘，在这里插入您的数码照相机。

把双镜头反光照相机滑入奇妙装置的底部，并在取景镜头的侧面位置做上记号，测量出从双镜头反光照相机的顶部到景镜头顶部的距离，另外一个侧面也照此办理，这样就可以切出双镜头反光照相机镜头的端孔。

把奇妙装置装到双镜头反光照相机上，并用胶带把两台照相机缠在一起——它应该很自然地吻合在一起。应该多使用胶带，并考虑从照相机的下面及它的周围绕过，以便把双镜头反光照相机固定到位。现在把数码照相机放进顶部，开始拍摄！

提示：

透过取景器拍摄是很难对付的，每一位摄影师都要开发出他们自己偏爱的处理技术。使用三脚架安装双镜头反光照相机是最简单的选择，就像它给您两只手来操纵您的数码照相机一样。另一种流行的方法要求您一只手拿着双镜头反光照相机，另一只手拿着数码照相机。

把照相机的"拍摄"设置为自动对焦，因为手动对焦要把一切组合在一起可能是非常困难的，特别是您的镜头是处在奇妙装置顶部的端口中。

您的数码照相机的自动测光系统，会把双镜头反光照相机取景器四周的暗边作为照片某个部分，它可能会对影像过度曝光。如果发生这种情况，应该尝试使用照相机的中央重点测光模式，或者使用曝光补偿功能来减少曝光。

可以尝试附加一些近距离对焦镜头（通常称为特写滤光镜片），或者把眼镜镜片作为镜头放在双镜头反光照相机取景镜头前，以便得到一些真正有趣的特写镜头！

右图：透过取景器拍摄的照片具有独特、永恒的特点。很多摄影师在使用这项技术时对他们的影像增加交叉处理外观的技术，以加强"胶片拍摄"的外观特征。（见第44专题）

18 拍摄立体照片

与我们平常所看到照片不同，立体摄影产生了具有三维效果的影像，并使我们具有"身临其境"的感觉。这在19世纪末非常受欢迎，一旦开始尝试拍摄立体照片，便很容易体会到这种"影室特技"的吸引力。我们的祖先那么兴奋地得到的具体方法是"双立体画面"，这不仅是该项技术的基础，而且是最简单、最便宜的三维摄影形式。

必备器材
· 2台35毫米一次性照相机
· 强力胶带或者类似器材

困难指数：★

提示：

　　在拍第一张画面时，用左边的照相机对写有"左"的一张纸进行拍摄，右边的照相机拍摄写有"右"的一张纸。当您的胶片冲洗后，就很容易找到哪一张影像应该在哪一边。
　　如果在画面中有任何物体移动，应该设法尝试在完全相同的时间拍摄照片，否则当您查看双立体照片的时候，由于移动会使您的大脑搞不清楚到底发生了什么。

三维拍摄

当我们看世界的时候，我们的眼睛看到的是两个大约相隔2~3英寸（5~8厘米）距离的影像，一个影像通过一只眼睛。我们的大脑把这些影像汇聚到一起，并用它们之间的差异产生三维的深度。双立体只代替了通过每只眼睛看到的具有两个单独影像，但结果是一样的——当我们查看两个并列的影像时，我们的大脑被愚弄去制造"深度"。

所以，第一步是产生看起来似乎我们的每一只眼睛都看到的两个影像，这就需要两台大约间隔2~3英寸（5~8厘米）距离的照相机。为此，可使用一对一次性35毫米胶片照相机，但是如果您愿意，也可以使用两台相同的数码傻瓜照相机。

把两台照相机排在一起，让镜头处于同一水平线上，两只镜头之间的距离大约有2~3英寸（5~8厘米）——这就是我们"眼睛"之间的差距。照相机就位以后，取出强力胶带，并把它们粘在一起，注意不要覆盖两台照相机中任何一台照相机的快门按钮或者卷片轴，因为您要通过它们进行拍照。

以上都只是在设制立体照相机，当走出去实际拍摄双立体照片时，还有一些事情要考虑。首先，需要同时用两台照相机拍摄每一个场景（这是显而易见的），您也要尝试拍摄对它们来说是具有良好自然"景深"的场景——就像人在前台，而城市就在背景里。场景的景深越大，三维效果就会越强烈。

检查三维

拍摄双立体容易，但查看它们却有点儿难。一般需要确定"配对"的影像而且要一起观看它们，可以在电脑显示屏上观看，或者打印出来观看。最简单的办法是拍摄处理后将底片扫描，因为您可以在影像编辑软件中裁剪图片，把它们一起粘贴到一个新文档（左眼影像在左，右眼影像在右），然后在屏幕上查看它们，或者用桌面打印机把它们打印出来观看。

要成功地观看图像，关键在于您与双立体照片的距离和打印的尺寸，做好了这两点，就会使整个三维的体验更容易。

作为指导性意见，首先应该让影像的最长边为3英寸（7.5厘米），并用标准的6×4英寸（15×10厘米）的纸打印。拿起打印出来的双立体影像，距离大约18英寸远（45厘米），采光要均匀。

现在到了真正困难的时刻。要"交叉"您的眼睛，盯着"看透"图片，这样您正在看的两个影像就变成了三个，中心的影像就会奇迹般地变成三维模式。可能还需要调整观看距离（"交叉眼"看影像可能需要一段时间才能够习惯）。一旦您可以看到悬在中间的图片，您就会体验到前所未有的奇妙影像！

扫描仪一般用于平面文件或者图片的数字化，但是还可以让扫描仪做出更令人兴奋的事情。用专业的光线扫描，几乎不需要做任何努力，日常扫描三维物体就可以产生惊人的结果。由于实际扫描过程是如此简单，所需要的就是发挥想象力，梦想把什么放在扫描仪的玻璃平板上，以做出极为巧妙的影像。

平板式扫描仪使用连接到感应器的光源，随着扫描仪的感应器扫过玻璃平板，感应器就记录下了这个影像。由于灯和传感器是如此接近，光就可以来自各个角度，在扫描对象上展现了大量细节并产生阴影——也就是随心所欲的各种图片。

必备器材
· 平板式扫描仪
· 扫描对象
· 布或作为背景用的彩色纸（可任选）

困难指数：★

黑色背景

要获得令人惊奇的乌黑背景，只要在扫描的时候让扫描仪的盖子保持打开，乌黑背景就会很好地衬托出鲜花和鲜艳的色彩。扫描头的光是如此地明亮，以至于您所在的房间似乎变得很暗，扫描仪只是记录下黑色，而与其它无关。但是如果您愿意，也可以控制背景，用纸张或者织物来创意出彩色的或者具有纹理的背景。

彩色背景

最简单的方法是把一张彩色纸放在扫描对象上，对扫描仪来说，它要离平板相当近，以便可以扫描。因此，离平板太远的扫描对象就不太行。或者，也可以使用一块悬垂到扫描对象上的编织物。您应该把背景放在离平板多远的地方取决于您的扫描仪有多大。但一般最大距离大约为6英寸（15厘米）。

开始之前

清洁平板

重要的是要确保您的玻璃扫描床（"平板"）没有灰尘和指纹，因为这些都会出现在您的图片上。使用镜头布或者无绒毛布清洁效果就非常好。

太硬或者太脏的扫描对象

扫描仪的玻璃平板是很娇气的，如果要对太硬的或者太尖的对象进行扫描，就会很容易受到损坏。湿的东西——像食物——也要小心地擦掉，否则可能会在玻璃平板上留下油腻的痕迹。可以将潜在的危险对象先放在一个完全清洁透明的薄膜板上，例如麦拉纸，但是，这种扫描可能会导致光晕、或者颜色奇怪的影像，出现一般的影像柔化效果。

夸张的色彩

在黑色背景下扫描会产生非常强烈的颜色，我们可以进行充分利用。请选择有夸张色彩的对象，或者可以带来良好的色彩效果的对象。记住，这些图片中不会有阴影，所以颜色是最终结果非常重要的一部分。

保持简洁

通常这种扫描最好的结果来自于简洁的物品，所以

尽量不要选择过分复杂的东西。

发光二极管扫描仪

某些扫描仪使用发光二极管作为光源，远没有其它桌面扫描仪那么强大的功率。虽然它们也可以用于这个专项，但必须记住，由于光源并不那么亮，应该关闭房间内所有的灯，创造出一个黑色的背景。您还会发现，这种类型的扫描仪会产生一种很浅的景深。远离平板扫描对象的部分会无法获得良好的照明，这样如果您想使用彩色的背景，就需要离平板更近一些。

扫描

1　清理完平板，把扫描对象放在扫描平板上，在它周围保持作品有尽可能多的空间，这会给您以后通过裁剪选取画面提供最多的选择。

2　把所需要的背景放在扫描对象上，或者让扫描仪的盖子保持打开，形成黑色背景。

3　打开计算机上的扫描仪软件，并把扫描仪设置在"反射"模式。扫描彩色照片也要用相同的设置。

4　分辨率设置为300dpi（每英寸像素），这是高品质图像的最佳分辨率。然后设置影像的缩放。如果缩放设置在百分之百，您的影像就是扫描对象实际大小的尺寸。

5　进行预览扫描，以便对作品有大概的了解，了解该影像将如何被照亮，还可以调整对比度和色彩设置，以获得您理想的效果。

6　当您对前面预览的影像感到满意的时候，就开始进行扫描。把影像导入到一个影像编辑程序来微调对比度，并且删除任何灰尘。

镜头及配件

正像您在前面的章节所看到的，摄影创意有多种方法。实际上只需设置您的照相机，或者尝试拍摄一些以前没有考虑过的拍摄对象。

探索不同的拍摄技巧肯定能有所进步，但有时我们会感到，是照相机在找我们的麻烦。我们渴望拍摄的那些照片似乎经常是由某些摄影师们所拍摄的，而这些摄影师往往具有最新款式的照相机，并且配置了各种各样的合适镜头和配件。人们往往很容易得出结论，要拍摄最好的照片，就需要购买昂贵的全套摄影设备；如果买不起的话，您就永远拍不出令人震撼的、具有创意的照片。

但是现在您完全不应该这样想，您并不需要一大笔钱，超常的想象力才是我们最应该重视的财富。在本章中我们会介绍各种镜头和配件，其中有些您可能需要购买，但大部分您自己就能够很容易地制作出来，而且有些配件能够解决许多实际问题，它们将为我们开启一个充满创造力的世界。

也许数码单反照相机系统中最重要的组成部分是镜头，它是照相机的关键部分，通过镜头把光汇集到传感器，聚焦影像并且控制景深。不幸的是，这些设备也是数码单反照相机中最昂贵的部分。高成本就可能意味着您必须凑合着使用自己目前所拥有的设备，而不是去选择您想要的焦距和光圈。然而，如果您想扩大镜头范围，保持影像质量，并控制预算，答案只有一个，即使用"老式"镜头。

如果回到30年前，35毫米单反照相机几乎完全依赖手动对焦镜头。那时的变焦镜头按照今天的测定标准来看是相当糟糕的，但有些主要的定焦镜头的表现却是真正令人叹为观止的。由于胶片摄影已经让位给了数码摄影，这些镜头越来越多地出现在露天市场、跳蚤市场和在线拍卖网站，在这些地方通常没有什么讨价还价的必要。但是，虽然价格很低，镜头并未差到完全过时而该进入"坟墓"。像以往那样，它们仍然是可以用来控制和汇聚光线的金属与玻璃器械。最棒的是，这些优秀的光学器材中有很多可以直接用于数码单反照相机。

必备器材
· 数码单反照相机
· 兼容老式镜头

困难指数： ★ ★

下图：大光圈镜头和大配件是您应该试用老式镜头的两大原因。该影像及前一页上的影像，是使用一台具有标准的50毫米，f/1.8镜头和一只低倍望远倍率镜的4/3系统数码单反照相机拍摄的。

提示：

　　配置了一只大光圈的50毫米快速镜头，使得非全画幅数码单反照相机有了拍摄杰出的肖像可能性，这也是您收集老式镜头的理想起点。老式的微距镜头和配件比它们现代的同类产品要便宜得多，但往往表现并不见得差。

上图：下面的微距镜头和适用于这款奥林巴斯4/3系统数码单反照相机的50毫米镜头的总成本还不到50美元，和专门的微距镜头相比省了很多钱。

什么最合适？

如何选择老式镜头，很大程度上可以归结到一点，即数码单反照相机上的镜头接口。即使在今天，很多照相机制造商仍然在沿用35毫米单反照相机使用过的同样的镜头接口（或者具有相同尺寸的变体），所以"老式"镜头可以直接装上。尼康和宾得（三星和宾得共同使用宾得镜头接口）是这方面最显著的例子。

其他制造商在数字时代已经改造了他们的镜头接口，像奥林巴斯，放弃了35毫米OM系统而追求数字4/3系统。但是，这并不意味着不能使用旧的OM镜头，它们仍然有广泛使用的适配器，能适用任何4/3系统的数码单反照相机。这样您就得购买适配器，如果一旦买了它，就向您打开了一个具有高质量、低成本的Zuiko镜头以及镜头配件的完整世界。

不幸的是，当涉及到佳能和索尼时，事情却并不那么乐观。在数码照相机到来之前，佳能老式的FD接口已经由电子光学对焦系统的EF镜头接口所取代。索尼镜头（以美能达自动对焦镜头接口为基础）的接口却并不能够兼容美能达的老式手动镜头。但也有一些可用的适配器，可以把FD镜头用在佳能电子光学对焦系统接口上，或者把手动美能达镜头用在索尼数码单反照相机上，但在这两种情况下，投资都会远远超过收益回报。

为什么应该使用它们？

虽然您可能认为，给数码单反照相机附加一只已经使用达30年的、价格为10美元的镜头是一项毫无意义的举措，但是使用老式镜头其实有好处的。首先，许多老式镜头比现代变焦镜头具有更大的光圈。这不仅意味着可以手持照相机在弱光下拍摄，而且也可以用非常浅的景深进行拍摄。这方面最好的例子是一只"标准"的50毫米镜头，它通常有f/1.8的最大光圈（现代变焦镜头的f/4最大光圈与其相差很远），该镜头只花几美元就可以买到。在非全画幅数码单反照相机上，50毫米焦距有效焦距达到了75—100毫米（取决于您的数码单反照相机影像传感器的尺寸），这就使它成了完美的人像摄影镜头。同样，现代微距镜头非常昂贵，但老式的低倍率镜头和配件，例如延长管和微距镜头皮腔的价格却非常低廉，让您只花一笔小钱就能开始探索特写摄影的世界。不过，也许使用较老的、早期的镜头的最大争议是清晰度—这听起来有点疯狂，但实际上一些老式镜头的拍摄效果比现代变焦镜头更清晰，而且它们的价格却比只能在数码单反照相机上使用的现代镜头要低。

为什么你不应该使用它们？

当然，如果所有老式镜头都那么好，每个人都会使用它们，但事实上，并非所有老式镜头都好到那种程度。当某些老式镜头表现完美地与数码单反照相机一起工作的时候，有些却并没有那么好。更重要的是，如果不亲自试用的话，很难搞清楚哪些镜头效果良好，哪些不好。尤其当您还没有这些镜头的时候，空谈试用还为时过早。

此外，由于它们是为胶片而不是为数字传感器设计的，色差（您有时能看到背光对象周围的"散射现象"）一般比较明显，某些情况下会出现由反射到镜头背面上的传感器的光所引起的内部耀斑。当然并不是所有的老式镜头都这样，但同样，不经过试用，不可能知道其结果将到底会是什么。

最后，老式镜头使用起来更为困难。对焦需要手动才能完成，曝光往往要手动设置，由于各种照相机的不同，曝光效果也会不太稳定，而且往往找不出明显的原因。不过，如果您能经常不时地进行保养，即使偶尔的影像质量不稳定，某些老式镜头也会给有创意的摄影师提供很多好处，例如它们的有效光圈大，成本低。所以，如果有一台兼容的照相机，就给自己配一只50毫米、f/1.8的标准镜头吧，只要给它一个机会，您就可能享受到惊喜！

21

反装镜头微距

必备器材
- 50—135毫米焦距镜头（也可以是变焦镜头）
- 手动50毫米镜头
- 适用于每只镜头的滤镜系统适配环
- 金属粘合剂
- 夹钳或者衣夹

困难指数： ★

警示

　　在使用微距组合之前，请务必关掉相机自动对焦系统。如果想尝试自动对焦，增加50毫米镜头的重量后，可能会损坏照相机中的聚焦马达或者镜头。

提示：

　　如果使用照相机的变焦镜头，您可以像往常一样，与微距组合一起使用相机测光系统——首先把手动镜头设置为最大光圈。

　　不要使用装在照相机的远摄／变焦镜头调焦。相反，把远摄镜头设置为无限远调焦，并把整个微距组合采取前后推拉的方式来调焦。

　　如果您以前从未尝试过微距拍摄，那就准备着上瘾吧。近距离的拍摄能为您打开一个全新的领域，您平常没有注意到的日常事物中的微小细节与形状会展现在您面前。如果您想认真进行微距摄影，一般来说就得需要有只高质量的微距镜头，但却也有办法使您目前的照相机聚焦更近，而无需购买昂贵的专业微距设备。本专题将告诉您如何使用低成本的手动镜头来放大微小物体。虽然它并不像使用合适的微距镜头那么灵活，但它还是有能力达到高品质效果的。

　　要做这件事，就需要一只具有大光圈和手动调节光圈功能的标准镜头，以尽可能地开大光圈。老式的50毫米镜头（见第20专题）就非常理想。一旦您有了标准镜头，只要简单地反转它（把镜头的前端朝向您的照相机），并将它安装到数码单反照相机的变焦镜头上，或另一只标准镜头上。

1　要用滤光器螺纹把镜头互相连接上，为此，每只镜头就需要一个滤光器配接环。所需要的螺纹口径写在镜头盖内侧或者镜头前端——大部分50毫米f/1.8的镜头使用49毫米或者52毫米的螺纹。

2　轻轻地用砂纸擦拭配接环前部的平滑表面，使它们变得粗糙些，或者用锋利美工刀划刻，为用来把它们粘合在一起的金属粘合剂划刻出一些波纹，把粘合剂涂于其中一个滤光器配接环的平端（如果它们的厚薄不同，就用最薄的一个），然后把它粘在另一个环的平端，这样它们就面对面了。

3　把两个环一起夹紧，以确保它们粘得均匀些，将钳制在一起的环过一夜，使粘合剂组件能够彻底地固定住。

4　一旦粘合剂已将配接环固定好，把远摄镜头（或者变焦镜头）装在您的照相机上，用螺丝把结合在一起的配接环固定在它前端。这里我所使用的是一只老式的50毫米镜头。

5　反转第二只镜头，并把它与照相机镜头上的外露滤光器螺纹吻合在一起。虽然这套装配会让前面显得相当重，但现在却有了一只非常有用的微距镜头。这种组合能将最近调焦距离减小到1英寸以内。

22

简易镜头

傻瓜照相机或者数码单反照相机上的镜头极利于拍摄清晰的照片，把扭曲和畸变保持在最低水平，但是谁能说您所拍摄的每一张照片都必须完美无缺？有时候，"不完美"的照片，无论它们是轻微的模糊，严重的扭曲，或者有严重的暗角和边缘，有可能显得更有活力，并把相对普通的场面转变成某种更为有趣的场合。这一专题介绍如何把简易的、低技术含量的镜头放到高级镜片前，来故意降低影像质量。这里没有固定的规则，您可能根本不喜欢其中的某些效果，但也没关系，所有这一切都只是为了让您不要囿于您的普通照相机，而要打破拍摄常规来思考问题，并获得更多的创意。

必备器材
· 傻瓜照相机或者数码单反照相机
· 简易透镜（眼镜镜片，放大镜，窥视镜，或者类似器材）
· 胶带
· 镜头盖

困难指数：★

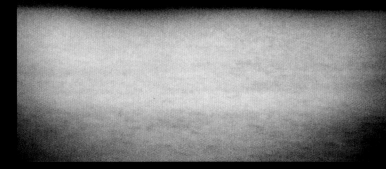

眼镜镜片

眼镜镜片可以帮助您看得更清楚，但在照相机上，它们可以帮助您创意影像。从您的眼镜中取出一片镜片，用胶带把它固定在您的正规镜头上，透过眼镜镜片看到的效果完全取决于所用是老花镜片还是近视镜片，以及镜头本身的结构和质量。看看右边的这张照片，为了柔柔的，梦幻般的外观，并带有轻微渐晕，使用了单片眼镜的镜片。然后，对影像进行裁剪，以创意出既似针孔照相机又似玩具照相机的拍摄效果。

窥视孔鱼眼

您不必花费大量的现金购买镜头去获得那种疯狂的、圆形的鱼眼效果，只要把目标转向当地的五金店，购买他们日常销售的防盗门窥视镜！

如果您使用的是傻瓜照相机，为了瞬间的鱼眼效果，拧下窥视镜，将一端装到镜头前即可。如果将照相机调到微距模式，并把镜头焦距尽可能调长，是很有帮助的。此时，所需要做的就是取景和拍摄。

另外，如果您是一个数码单反照相机用户，可以在备用镜头盖上钻一个孔，然后用胶水把窥视镜粘在它上面，用胶带把边缘密封以阻止任何光线从接缝处漏进去，把镜头盖拧到镜头上，即可获得相同的广角或者鱼眼效果。您最终可能会看到四周黑暗的圆形影像，您只需用编辑软件的裁剪工具把它裁剪出来就行了。

新颖透镜

在各种场所都可以发现潜在的简易透镜，在这里所展现的、新颖的"莱卡"来自于一家博物馆礼品店，花了约10美元。作为一只简易镜头，它里面的棱镜"镜头"却有着巨大的潜力，正如以下照片所显示的那样。只要按下贴着"莱卡"的相机快门，棱镜镜头即可拍摄出有彩色边缘和迷你图像的如即时万花筒般的照片。

> **提示：**
> 另一种在普通照相机上使用眼镜镜片的方式是用放大镜片获得"快速和不够清晰的"特写——把镜片举到相机前，拍摄您所看到的一切。结果很可能产生色彩不重合及严重的焦点偏移。但是，那正好增加了其独特的魅力。

23 移轴镜头

移轴镜头最初是用来校正透视失真，特别是用在建筑摄影方面。而相对于普通照相机大多为"固定"的镜头来说，移轴镜头可以倾斜，因此对调焦面来说，镜头平面与焦平面（即胶片或者传感器）是不平行的。通过调整镜头前面的角度，光的路径变化了，也就纠正了透视角度。然而，它们这种可以同时改变影像中调焦面的能力，长期以来一直都用于更多的创意性摄影。当调整了调焦面并结合使用大光圈时，就产生了很浅的景深，起到类似微距镜头的作用。然而，有了移轴镜头，就可以操纵影像中的线条清晰度，它不是水平地运行于整个画面，而是倾斜的，甚至是垂直的。

但是移轴镜头还有一个缺点，就是价格很昂贵。最近，出现了一种成本较低的称为宝贝（Lensbaby）的替代品镜头，以更加合理的价格为摄影师提供选择性聚焦摄影的尝试机会，当然这类产品的价格已经开始在不断攀升。然而，有了聪明的小才智和某些廉价物美的摄影配件，完全有可能制作出您自己感觉很棒的移轴镜头。

必备器材
· 老式的中画幅照相机镜头
· 数码单反照相机的机身盖
· 手风琴式皮腔
· 厚厚的黑色卡片
· 黑胶带
· 剪刀
· 美工刀
· 尺子
· 记号笔
· 钻孔器或旋转刀具
· 环氧树脂（或者强力胶）

困难指数：★★

选择镜头

因为要改变镜头所指的方向，因此应该确保移轴镜头所产生的影像场景比常规的数码单反照相机镜头所产生的要大，这就要有一只为中画幅摄影而设计的镜头。为了获得老式的中画幅照相机镜头或皮腔式照相机，可以选择到低成本的跳蚤市场、露天销售场去寻找或通过网上拍卖。由于只需要镜头，就不必担心整台照相机的质量，因此可以节省点钱，买台二手照相机。然后取下镜头—通常只需要拆下固定位置的一对螺丝。

1 制作移轴镜头有三个关键因素。除了一只中画幅相机镜头外，还需要一个橡胶或者塑料手风琴式皮腔（这会起到移轴的作用），以及单反照相机的机身盖（将成为镜头的接口）。

2 在开始组装镜头之前，第一步是算出从照相机的影像传感器到镜头需要多远的距离。要做到这一点，应该拿着镜头靠近浅色墙壁，让镜头对准对面的窗户。完全打开镜头的光圈，移动镜头使其更贴近墙壁，然后再往前，一直到通过镜头的圆形光斑变成清晰为止。使用一把尺子测量从镜头的后部到墙壁的距离。除了这一距离，您还需要知道这台特殊照相机的"法兰焦距"，即从镜头接口到影像传感器的距离。这一点应该从照相机手册里，或者在制造商网站下的"规格"一栏中可以找到。从您测量出的焦距的距离减去法兰焦距—这就是您的移轴镜头所需要的长度。

3 去除皮腔上的手柄，从较狭窄的一端测量，在其侧面标上移轴镜头的长度。从这一点围绕它的圆周切下来，这样就只剩下一个较短的"裙子"状的皮腔残部。

4 在皮腔残部的顶部切出一个小圆孔，圆孔应该略小于单反照相机的机身盖直径。

5 用钻孔器或者旋转刀具,切出机身盖的中心,这样就只剩下一个塑料环。最好从机身盖的背面开始切,这样就不会意外切断镜头接口。

6 现在该把皮腔残部粘到机身盖镜头接口上。这需要很强的粘结剂,因此应该用小刀把这一部分刮一下,或者使用研磨砂纸把表面磨粗糙。用环氧树脂把它们粘到一起,然后放上一个通宵,使其完全粘牢固。

7 一旦胶水干了,就沿着皮腔较大的一头在一块厚厚的黑色纸板上描出圆盘。切出黑色纸板上的圆盘,然后在圆形黑色卡纸的中心挖一个孔,这个孔必须要足够大,以便能装下镜头。接下来用环氧树脂把卡纸粘在皮腔残部的底部,再凉干——这就是镜头架。

8 当黑色卡纸粘结实后,沿着镜头架的边缘和镜头接口(机身盖)缠上黑色胶带,以防漏光。

9 最后,装上镜头。尽管使用摩擦力已经将镜头固定到位,但最好还是用胶水或胶带再固定。一旦它固定住了,把即将装到照相机上的那一端举到眼前,如果您可以看到任何光线钻进来,就应该用胶带密封漏洞。最后只需把移轴镜头安在单反照相机上,就像安装其它镜头一样。

把两个环一起夹紧,以确保它们粘得均匀些,将钳制在一起的环过一夜,使粘合剂组件能够彻底地固定住。

使用移轴镜头

　　把移轴镜头装到单反照相机上，推拉皮腔的不同位置以调整影像中的焦点。保持影像的部分清晰，部分虚化。这需要通过不断实践来确定，但是通过对皮腔的扭动、推拉、弯曲，您会创造出某些漂亮的影像。因为，为了保持影像处于焦点中，需要施加一定的力保证皮腔余部的稳定，可能出现照相机的抖动问题，所以应该使用高速快门，并设法把照相机设置为连续拍摄模式，这样就可以进行一连串的曝光，再从中选择出最好的曝光照片。

　　当涉及到测量曝光时，首先需要做的是确保照相机在附加了移轴镜头以后快门可以打开，因为它无法识别出这个装置是个镜头；查看菜单（或者照相机手册）中"无透镜拍摄"，或者类似选项，然后把照相机切换到手动挡，在移轴镜头上设定光圈，并使用照相机取景器显示的指数，设置相应的快门速度。

针孔摄影的技术含量是最低的，似乎把我们带回到了人类第一次发现光特性的那个时代。但其实不仅如此，针孔摄影还可以产生幻想般的影像。在一般情况下，当光通过一个非常小的孔径的时候，它就会在孔后面短距离内聚焦。因此，如针孔般大小的孔内也可以装上镜头。当然，一只针孔镜头不可能与玻璃光学镜头的质量相媲美，它甚至不完全是封闭的，但它仍然可以产生非常有趣的效果。

为单反照相机做针孔镜头的最好方法是使用机身盖（如果没有附加镜头的话，就是罩在照相机上的盖子）。这是因为机身盖就像一只普通镜头一样可以适用于您的相机，密封且耐用，可以与正常使用的镜头一样放在照相机袋里。

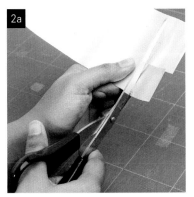

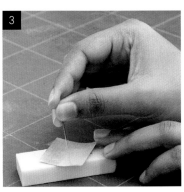

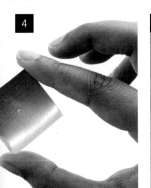

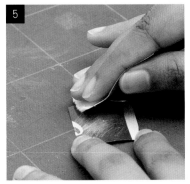

1 针孔镜头的制作是再平常不过了，只需使用一只空铝质易拉罐。倒空铝质易拉罐，洗干净，然后剪掉其中一端。按照铝质易拉罐的自身长度剪下，再剪下另一端，这样就有了一块铝板。为了把它压扁，可以把它放在几本较重的书本下过夜，这样将使它更好使用，而且还降低了割伤的危险。

2 压平整了以后，在铝板上剪出一个约4厘米的正方形。用砂纸磨掉易拉罐表面有喷画那一面上的画，不必全磨掉，只是在要钻孔的中心磨掉一小块就可以了。把铝板反过来，在另一面重复这个过程，减薄铝板的厚度，以便钻孔。

3 将磨薄的铝板放在橡皮上，喷画的一面朝下。开始"钻孔"，轻轻地将针尖按压在铝板上，直到针尖穿透。注意，应该仅仅是针尖穿过铝板。

4 在灯前举起铝板，看看所做的针孔。如果这是您第一次尝试，可将针整个穿过去（不只是针尖），那么它可能就太大了。但不要担心，那一块铝板给您留下了很大的余地，可以再试！

5 一旦有了"完美"的圆孔，将铝板喷漆的一面朝上，绕着圆圈使用砂纸磨平针穿过金属后留下的凸凹地方。孔里可能会有灰尘，应该吹一吹，再把它举到灯前。现在，您应该已经有一个完美的针孔了，可以把它连接到机身盖上。

24

6   把机身盖改造成针孔镜头的第一步是找到它的中心。最简单的方法是在一张纸上沿着盖画圈，然后剪下您画的圆圈，把纸折叠成四分之一。让弧形边缘和机身盖边缘对齐，纸上的"点"自然就会显示出机身盖的中心。这样即可标出镜头盖的中心点了。

7   取出钻孔器，在机身盖的中心钻一个孔来安装针孔。用一个大点的钻头，小心地钻过盖的中心。这种塑料很厚，应该慢慢来。

8   钻好了孔以后，用砂纸把边缘磨齐，并清除任何塑料毛刺。

9   把针孔镜头粘在机身盖的后面，尽可能使针孔保持在中心位置。

10   一旦胶水干了，把机身盖针孔镜头合在相机上，就可以开始拍摄了！

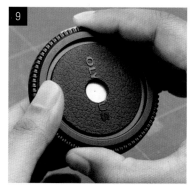

使用单反照相机针孔镜头

今天大多数数码单反照相机机身内和镜头都有电子连接方式，两者之间可以相互传递信息，但由于针孔镜头远不是那么先进，在开始拍摄前，必须做几件事。

最常见的问题是弄清楚照相机是否能应会附加的针孔镜头。这是因为没有电子连接手段，照相机可能会觉得没有装上镜头。这是您使用自制移轴镜头可能会遇到的相同问题（第23专题）。解决办法是相同的——找到"无镜头拍摄"的选项，或者类似方法。

您还会发现，取景器内影像非常暗，以至于无法看清它。这是因为只是通过一个进入很少光线的小镜头看的缘故，但并不值得担心。数码摄影的乐趣之一就是能够随时查看照相机显示屏上的结果，所以如果有任何不对劲之处，就再拍另一张！

该方法同样适用于曝光。因为照相机不知道您用的是什么镜头，也不知道在什么光圈基础上曝光（针孔镜头大约为f/150！），所以它可能无法为自己计算出曝光量。解决这个问题最简单的方法是设置为ISO200的感光度，并参考使用第76页的曝光指南。把照相机设置为手动曝光模式（通常在模式转盘上标有M），快门速度设置为B门。当您按下快门开关时，该设置就会打开快门，当然这要取决于您的照相机。只要按住快门键，它就会保持打开的状态，在完成了照相机显示屏上影像曝光的审查后，松开手指。如果太暗，可以增加曝光时间，如果第一张照片过亮，就减少曝光时间。

很多摄影师可能都会有同感，最有用但又往往会忽略的器材是三脚架。不过，用三脚架支撑照相机还是很最重要的，如果不喜欢携带三脚架，为什么不做个豆布袋来代替呢？在地上、墙上或者几乎可以放置的其它任何地方都可以使用豆布袋来稳定地支撑照相机。制作豆布袋可以有多种方法，但这里的方法是其中最简单的，因为不用缝纫，可以在两块织物布之间使用织物布熔线胶带粘贴，或用熨斗加热就可以把它们粘在一起。

必备器材
· 厚的棉织物
· 可用熨斗熨的织物布熔线胶带（包边带
· 尼龙搭扣
· 中型米袋或豆袋

困难指数：★

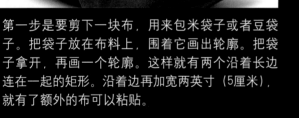

第一步是要剪下一块布，用来包米袋子或者豆袋子。把袋子放在布料上，围着它画出轮廓。把袋子拿开，再画一个轮廓。这样就有两个沿着长边连在一起的矩形。沿着边再加宽两英寸（5厘米），就有了额外的布可以粘贴。

把布料剪出来，然后对折，让袋子的里面部分朝外，用布熔线胶带把两条短边粘在一起，创意性地做出一只"口袋"，口袋的两边是粘贴在一起的，第三个边要折叠，而顶部则是敞开的。

打开布袋里面，现在粘贴的接缝就在里面，在您的米袋或者豆袋上扎两个小针孔（这样空气就能放出来），然后把它装入做好的布袋内。

提示：
　　如果您用线方便的话，还用针线缝更好，而不是使用布熔线胶带粘贴，因为这样可以使其更耐用。也可以使用较厚重的防水面料，但由于这类材料往往是塑料的，一定要进行缝制，如果使用布熔线胶带和熨斗粘贴，都会给您留下粘贴的融化物。

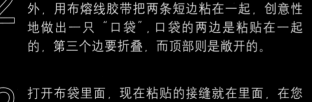

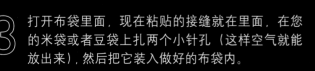

最后用一条尼龙搭扣带固定在开口的那一端。您可能会发现还有多余的部分，在这种情况下，要剪掉它，或者把它折叠在里面。

像豆布袋一样，绳脚架也是沉重三脚架的最好替代品。它与数码傻瓜照相机一起使用的性能和与单反照相机一起使用的性能同样很好，绳脚架的主体结构很简单——把照相机系在绳子的一端，用脚踩住另一端。通过增加张力，拉紧绳子，就减少了照相机抖动的机会。虽然它不完全是三脚架的替代品，但作为一个起稳定作用的装置，它可以让您拍出清晰的照片，而且使用大约慢2挡的快门速度通常比较安全。

做绳脚架需要一根长绳，长度大约从您的脚到眼睛的距离，再延长12英寸（30厘米）——如果您身高6英尺，就需要一条7英尺长的绳子，我做绳脚架使用的是钢丝凉衣绳。

1 第一步是把绳系在一个螺钉上，该螺钉将旋进照相机3/8英寸三脚架孔座内。我用的是一颗旧三脚架的螺钉，这非常管用，因为尺寸正好，并在底部有一个系绳用的环。为了能够"系牢"螺钉，我使用的是塑料拉链带（或者电缆带），因为钢丝绳很难打结。

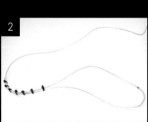

2 要在钢丝绳的另一端做一个环，以便把脚伸进去拉紧串绳。为环找到正确位置最简单的方法是把绳系在照相机上，用脚踩着绳子的另一端。把绳紧紧拉住，把照相机举到您认为合适的拍摄水平线，并在接触地面的绳上标个记号点，这就是您的脚要伸进去的环中心。

3 根据中心的标志做环，再次使用拉链带捆扎，修整任何松动或者杂乱的头，这样一个可以塞进衣袋或者照相机包里的绳脚架就做成了。使用的时候，只要把照相机系在一头，在底部把您的脚伸进环里，即时拉紧钢丝，照相机就稳定了！

小型光棚

如果想在互联网拍卖网站上，如易趣网上，想让您的货物拍到最好的价格，就需要展出货物的各种照片，现在这种方法已经被广泛采纳。图片越好，就越有吸引力，对于潜在的购买者来说就越容易引起兴趣。当然这不只限于互联网拍卖——任何产品照片都应该看起来是最好的，如果您曾经努力控制照明、阴影和背景，您就会知道，均匀照明的重要性及在创意中会遇到的各种挫折。您可以买光桌，光帐篷或小型光棚，这都会有助于在白色背景下实现"完美"产品的拍摄。但在花很多钱之前，为什么不尝试自己做个小光棚呢？该专题将让您使用非常简单（便宜）的材料，拍摄出优秀的产品照片。在您的周围就可能很方便地找到其中的大部分材料。

它是如何工作的？

小光棚只不过是一个侧倒着放的纸板盒，将挡板（纸盒的四个边）朝着照相机打开。被摄体应安放在盒子里面的白卡纸上，并将卡纸弯成无缝的背景。拆下盒子两侧和顶边，然后用漫射材料把它们盖上。为了更好的无影照明，可以用三盏灯通过两侧和顶部来照亮盒子内部。使用活动的"浮动平台"来清除底部的所有阴影。您可以根据所拍摄物体的大小做任何尺寸的盒子，所以无论您拍摄的对象是大是小都不成问题。

必备器材

- 纸板盒（其尺寸大小决定了光棚的大小）
- 三盏便携灯（最好用日光平衡灯泡），或者闪光灯
- 遮光胶带
- 棉纸／描图纸／羊皮纸（或者类似材料）
- 大张白纸
- 盒子切割刀／美工刀／剪刀
- 亚克力板／有机玻璃（可任选）
- 透明塑料杯或者玻璃杯（可任选）

困难指数：★

警示

为了避免发生火灾的危险，如果使用连续照明，必须要有专人看管亮着的光棚。

提示：

不必都是在白色背景下对一切物体进行拍摄——可以在光棚中用彩色纸代替白色纸。

通过试着在其中一侧的灯上增加彩色凝胶片来增加色彩。浅蓝色凝胶片很适用于铬或者金属物件，增加冷冷的金属感。

1 把盒子放在桌子上，开口朝上，如图所示。用铅笔或者记号笔在两个短侧面做标记，以确定切割的位置和大小。切割时不要离边缘太近，否则盒子就会变得不稳定，至少要留4厘米的边。在其中一个较大的侧面重复以上同样的做法，但要延长过挡板，如图所示。

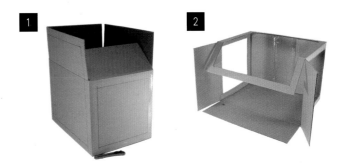

2 用切割刀、美工刀或剪刀切割下有标记的部分，这样就变成了一只三侧开口的盒子。

3 下一步，使用漫射材料覆盖侧面，帮助均衡和柔化所使用的光线。棉纸、描图纸、羊皮纸和蜡纸，都是很好的漫射材料。每个切口上应覆上两层材料，以增加漫射效果。按尺寸剪下漫射材料，让它们重叠在切口侧面，并用遮光胶带粘上。

4 为了添加背景，按盒子的宽度剪一张白纸。把纸粘在盒子里面的顶部边缘，让它轻轻地弯曲在盒子的底部，不要塞进去，也不要折叠进后面的角落，把纸的前端粘上以保持曲线的形态。这将给您的照片创意出"无缝"的外观。

5 为了给所拍摄的物体布光，在盒子两侧的每一侧应该放一盏普通灯或者闪光灯，上面再放一盏灯。让顶部的漫射材料略有下垂，这会增加轻微的正面照明。如果您的灯功率相同，或者将闪光灯设置为相同的输出，结果将是近乎完美的，甚至照明也很均匀。

> > >

增加浮动平台

小光棚可以成功地消除大多数的阴影，或者至少减弱阴影，这些阴影在影像编辑程序中虽然很容易减淡，但是，实际上我们不可能消除所有的阴影，特别是摄影主体底部的阴影。如果必须要删除这些底部的阴影，就得设法创建一个浮动平台，这样就能够允许光线到达摄影主体的底部。

简单的浮动平台可以通过一块透明的亚克力板或者有机玻璃来创建，并用一块棉纸罩在顶部。把平台放在小光棚下，用透明塑料杯或者玻璃杯提升，然后把摄影主体放在上面。这样来自于小光棚的灯光就能到达摄影主体的下面，加上白色的背景会反射光，从而减少摄影主体下的阴影。

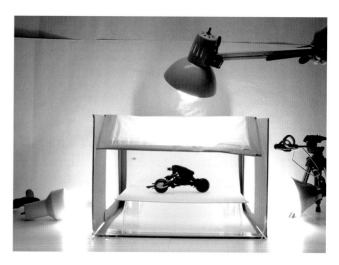

小光棚的应用

光棚的应用

在使用小光棚时，需要一定数量的试验，主要是照明、白平衡和曝光方面。

要产生"真正的"白色背景，使用日光平衡光源是最容易的，把照相机设置为"白天"挡，或者"晴天"挡。闪光灯也是理想可用的，但要买三只闪光灯可能花费较大。相反，可尝试使用旋入式"日光型"荧光灯泡的台灯，把照相机的白平衡设置为"荧光灯。"通常有一个以上可选择的灯光白平衡设置，可以参考照相机使用手册，看看应该使用哪一种。

对于曝光，请把照相机设置为低感光度（ISO100或者ISO200），以降低噪点，并把照相机安装在三脚架上。在必要的时候，这还能够使您腾出双手操作照明。此外，也可以使用照相机的自拍功能，这样当闪光的时候，就不会接触照相机。这将减少照相机抖动的风险。

用您的拍摄对象测试一下曝光，并查看结果。很可能它会显得有点儿暗，因为小光棚的亮度会欺骗照相机，造成曝光不足。使用照相机的曝光补偿（EV）功能，拨到+1～+2EV以增加曝光。调整EV控制，直到您获得到纯白色背景。

最后，不要害怕在图片编辑软件里调整亮度和对比度，并且微调结果。一旦您掌握了如何使用小光棚，您拍摄的照片每次都会很完美！

左下图：使用电线支撑不同角度的物体，然后，使用您的图片编辑软件抹去它。

上图：调整各台灯功率或者距
离，创意出不太均匀的光照。
在拍摄这幅照片时，用了蓝色
凝胶光来增加拍摄对象的色彩。

我们都知道，三脚架是支撑照相机的，而灯支架是支撑闪光灯的，对？还是错？由于它们有共同的3/8英寸或者1/4英寸的安装螺栓，这两个支撑完全可以互换。一旦您开始在三脚架上安装闪光灯装置，或者把照相机安在灯支架上，出现各种可能性都是不足为奇的。

三脚架当灯支架

可以从安装三脚架开始考虑。最常使用的安装螺栓为1/4英寸的直径，这也正好是傻瓜照相机或者数码单反照相机底部螺旋口的尺寸。现在有些热靴闪光装置带有多个塑料小支架，可以直立支撑。这些塑料小支架都有1/4英寸的孔座，这就可以直立安装在三脚架上。同样，大多数脱机使用的闪光灯热靴适配器也配有1/4英寸的孔座，所以它们也同样可以直接安装在三脚架上。

有以下几种原因，需要将闪光灯安装在三脚架：第一（也是最显而易见的）是使它能够脱机使用。因此，就可以用灯光照明获得多一点儿的创意（请参考第32专题）。但除了闪光灯可以脱离照相机外，三脚架还有几个其它优势，与"普通"灯支架相比较，可以离地面更低。三脚架给快速安放闪光灯提供更多的变化选择。如图所示，如果您使用了一副小小的桌面三脚架，就意味着在照明中能够具有更大的创造力。

同时，三脚架比灯支架便宜许多，许多摄影爱好者为了使他们价格昂贵的数码单反照相机更安全，经常将重量较轻的三脚架通过露天市场或者旧货店出售。这对我们来说太棒了，因为不能稳定支撑傻瓜照相机工作的三脚架，却能够非常完美地支撑起于闪光灯，如果它价廉物美那就更好了！因此，下一次您在露天市场翻找的时候，一定要盯着寻找三脚架，当然并不是为照相机，而是为闪光灯。

下图：一只闪光灯，一个热靴适配器和一副桌面三脚架是进行脱机照明的最佳组合，可以提供完美的低角度闪光照明。

灯支架当三脚架

　　就像三脚架一样，很多灯支架也使用1/4英寸的螺栓，既可以安装闪光灯，也可以作为摄影棚内频闪闪光灯的支架。因为该螺栓与照相机上的螺旋口尺寸相同，没有理由不能使用灯支架安装照相机。用灯支架代替三脚架主要的好处就是它所提供的高度。即使是最便宜的灯支架也能够上升到10英尺（3米）以上，比大多数三脚架要高得多。

　　有了这一增加的高度，就为您的摄影创作开辟了一个全新的视角（毫不夸张地）。从更高的制高点拍摄照片一定会使您的"拍摄水平"脱颖而出。然而，灯支架却并非没有缺点。首先，支架腿在底部伸开，朝天只有一根中心柱，这根中心柱比三脚架更容易抖动，这也意味着您需要使用高速快门，以避免相机的抖动。

　　此外，灯支架有一个固定的接口，所以需要使用三脚架云台或者闪光灯托架，以防止照相机无法调控角度，只能对准地平线。接着就是对影像构成的挑战——如果您的照相机在空中离开地面有10英尺高，而您又没有一套简便的步骤，这样一您就得要"猜测"一下照相机的倾斜角度，试拍一两次，然后根据预览影像来调整角度。

　　但是如何开始拍摄照片呢？除非您天生就有令人难以置信的长胳膊，当照相机在空中，就能够到快门开关，这一般不太可能。这时可以考虑使用遥控开关，这样您就可以在地面操纵开关。如果做不到这一点的话，就可以考虑"自拍挑战"。把照相机的自拍设置到其最大延时状态（通常为12秒），触发快门，并在自拍倒计时的同时，把照相机支在空中，稳住支架去尝试，并防止其波动太大，并在计时结束之前做完这一切。

　　然而，尽管其中有许多不足之处，灯支架往往比大多数三脚架更具有高度优势。所以，当涉及到给您的照片增加全新视角的时候，不要完全不信任它们。

左图：当照相机安装在灯支架顶部的时候，为摄影棚内频闪的角度而设计的闪光灯支架，对于改变照相机的方向也是很用的。

提示	提示
有些灯支架使用3/8英寸的固定螺栓，而不是1/4英寸，因此要检查一下，以确保您的三脚架能够兼容——有些可以适用两种不同的尺寸，而有些只能适用于较小的螺旋口。	如果把照相机架设在太便宜的桌面三脚架上，可能没有任何用处，但对于为某个项目而安装闪光灯，却是非常完美的。如拍摄烟雾（见第12专题）和拍摄水滴（见第13专题）。

阴影模板

为了把各种形象投影到影像上，在摄影棚内，"阴影模板"一般放在灯位前使用。在大多数情况下，阴影模板只不过是一块在其上面挖了几个孔的纸板，它可以创造出简单的斑驳回轮，或者设计成看起来像是窗户或者百叶窗创意出的效果，让人感觉照片是利用通过一个装饰华丽的窗户的自然光进行拍摄的，而实际上它只是在一个无窗的摄影棚内拍摄的。

制作阴影模板很容易。所需要的只是一块硬纸板或者泡沫板。在纸板上画上您所选择的形状，并把它剪出来，然后把阴影模板放在灯和摄影主体之间。除非有一盏可以在阴影模板上聚焦的聚光灯，否则阴影模板投下的影子边缘是柔和的，当在切出的形状中拍摄时显示出任何轻微缺陷阴影时，这是非常有用的，但它也可能会遮挡模糊主体图像。要创意出边缘更硬朗的阴影，应把阴影模板移到离摄影主体尽可能近的地方，并使用最强的光（直接、无漫射的闪光灯最理想），此外，来自于阴影模板的光越远，阴影就会变得越大。

必备器材
· 一块纸板或者泡沫板
· 剪刀或者美工刀
困难指数：★

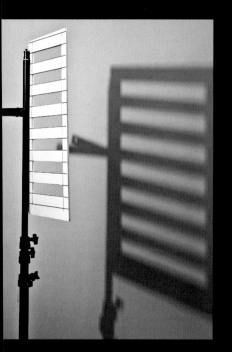

°上图：通过在一块泡沫板上切割出的一系列小缝照射进来的光，创意出了遮光帘的效果。

左图：阴影模板和摄影主体之间的距离控制了阴影的浓淡强度。在这里，"窗帘"的效果是微妙的，但使灯光更加有趣。

提示

不必从纸板上剪出阴影模板，在灯光前放上植物是创意抽象影像的一种简单方法，如叶状背景，好像在室外光线穿过叶冠。

如果拥有一台幻灯机，可以尝试用金属箔剪出适合于安装在幻灯座上的小型阴影模板，把它放进幻灯机，在影像中就可以看到硬边形状。缺点是幻灯机的灯光输出功率不大，放映的时候，任何轻微的错误都会被扩大，所以，在剪切的时候，必须小心。

必备器材
· 天光镜或紫外线滤镜
· 滤光镜凝胶
· 圆规
· 剪刀或者美工刀

困难指数: ★

滤光镜,特别是对具有大口径滤光镜接口的镜头而言,价格肯定贵。如果只是想尝试一下,成本就太高了。解决这个问题的办法是买几张透明的过滤材料,如凝胶。随时可以从摄影和戏剧商品供应商店买到经常与灯光设备一起使用的大型凝胶,并可以挑选各种各样的颜色。虽然它们的"光学"质量不像正规的滤光镜那样好,但它们相对便宜,可以很容易地改造成摄影滤光镜使用,而且在购买更昂贵、高品质的滤光镜之前,用来做测试和试验用肯定是值得的。

上图:如果您想用长时间曝光做实验(第7专题),中性密度的照明凝胶可以用来试验不同的滤光强度,而又不用花很多钱。

提示

有些镜头需使用通过专门设计的凝胶滤光镜。例如,鱼眼镜头前端就有这样一个平常并不能真正用到的大弧形镜头元件。因此,鱼眼镜头后面往往有可以容纳小正方形凝胶滤光镜的插缝。

为了做好滤光镜,我们应该找一个与镜头尺寸相同的日光滤色镜或UV镜。使用圆规,设置半径,该半径应该稍微小于UV镜内的半径。用胶带把一块厚卡片纸固定在凝胶的中心,以防止圆规的尖穿过材料,并且画出以

反光镜

在摄影棚，专业摄影师有机会使用多频闪光，这让他们可以从各个角度把直射光投到拍摄对象上，尤其在拍摄时装、人像或者静物时。我们的眼睛可以理解形状、深度和三维，因为我们通过阴影和亮点可以勾勒出拍摄对象在现实生活中的实际画面。使用不同功率的灯来确保我们可以看到所有重要的细节，同时仍然可以看到拍摄对象所具有的形状。

幸运的是，不需要大量昂贵的室内频闪灯，就可以把该技术用于您自己的拍摄。您可以使用一种光（不论是太阳或者像台灯一样简单的灯具），通过反光镜来做同样的工作。当它们反射光的时候，反光镜可以产生补充光线，使用多面反光镜就可以让您的拍摄对象从单一光源中得到丰富的弯曲光线。反光镜也很便宜，而且很快就可以布置好，只要带有一点儿想象力就可以创意出各种令人满意的效果。

必备器材
· 铝箔
· 金纸
· 硬纸板或者卡片
· 胶水或者胶带

困难指数：★

左图：使用一块像聚光灯一样大小的反光的小镜子，这朵花就从背景中脱颖而出了。

黑色反光镜

虽然可能效果并不明显，可以在您的摄影中尝试使用黑色反光镜。与其说是反射光，倒不如说是吸收光。因此它们可以被用来加深拍摄对象某一侧的阴影，而不是减轻阴影。当照明基本平衡时，这样做可以提高被摄体的清晰度。

左图：在室外，白色反光镜可以帮助平衡拍摄对象上的照明光线，减淡阴影，人物显得更自然。

右图：金色反射镜可以给模特的皮肤增加温暖的色调。可以通过调整反光镜到拍摄对象的距离来改变色调的浓淡。

它们做些什么？

反光镜是用来平衡影像的光线明暗的。数码照相机的影像传感器只能感应一定范围内的亮度，所以必须设法阻止照相机拍摄下太暗的阴影区，否则该区域所有的细节都会丢失。想象一下，有人侧身坐在一扇窗户前，接近玻璃窗户最近的那侧脸很亮，而离玻璃窗户远的那一侧会暗些，甚至有可能太暗。使用反光镜把窗户光反射到人身上，给较暗的那侧脸增加光线，平衡亮度范围。如果您正在拍摄肖像，深暗的阴影亦会突出皱纹和皮肤缺点，从而令人生厌。

您可以做很多不同类型的反光镜，而每一种都有它自己的特点。反光镜的功率取决于三个方面：距拍摄对象的远近、其颜色，以及是否有光泽。

白色反光镜

白色反光镜是最容易做的，因为所要求的只是白色、平整——一块白色卡片、一块聚苯乙烯板，甚至一张报纸。为了使反光镜容易使用，它应足够坚固，可以靠在某种物体上，或者夹住而不会倒塌。因此，如果使用的是白纸，就请把它贴在卡片上（或者就用白色卡片）。白色反射光线较好，所以它是一种柔和、中性色的反射，对人像摄影特别有好处。

铝箔反光镜

把铝箔粘到一块硬纸板上来代替白纸，它能够比白纸反射更多的光，但其效果显冷色，而且光可能会强烈刺眼，您可以用平整的铝箔做试验，也可以用弄皱的铝箔做试验，但先要把整理平整的铝箔贴在纸板上。银色的铝箔反光镜大多用于静物摄影，较少用于人像摄影。

金色纸

金色反射纸最适于人像摄影，无论是在室内还是在室外。为了获得硬朗的效果，您可以选择真正有光泽的纸张，或者为了获得柔和的效果而选择无光泽的纸。金色的表面会创造出一种模拟夕阳情景的温暖光，给皮肤色调增加健康的光泽。

镜　子

虽然您不能自己制作镜子，但镜子能反射大量的光，几乎可以作为一种额外的灯，而不是反射镜。根据所使用的类型，它们可以作为聚光灯照在拍摄对象上，合页型的化妆镜很棒，因为对较大的拍摄对象来说，它们很容易对准，或者可以尝试使用瓷砖镜。

照明器材

今天，我们享有能够同闪光灯"交谈"的高档数码单反照相机我们在同时运用数只闪光灯时，或我们希望闪光灯与环境光线实现平衡时，无需任何干预，就能设定曝光值。那为什么在其运用变得如此容易的情况下，闪光灯却很少得到足够的运用呢？

或许因为无法预见闪光灯的效果，因为其作用仅存在于一瞬间，而且因为不能肯定它会产生什么效果，何必要浪费一次拍摄呢？

或许因为把一个更大的闪光器材推入热靴后，得到的结果没能更

好体现出拍摄对象的长处？不过，别忘了，照相机内置的闪光灯发出的刺眼、直接的闪光从来无法体现这些长处。

虽然不用闪光灯的理由站得住脚，但是仍然有更多理由应该运用闪光灯。主要的理由是它能使照片更理想——应该开始更加创意地利用闪光灯。

在本章您将找到那些需要实现这一目的的照明辅助器材，只要花几个小时就能很快把相机袋中几乎不用的便携式闪光灯变成能够保证您创作出令人叹为观止的相片的魔幻之光。

离机闪光灯

闪光灯既是摄影术中最杰出的发明之一，但也是运用得最差的发明之一。用傻瓜相机拍快照时，除了利用相机上的弹出式闪光灯外，普通摄影者别无选择。但这种闪光灯总是安装得离镜头太近，甚至在日光下仍然会产生红眼效应。如果有了一台单反相机，并且开始学会如何控制拍摄照片的艺术效果，那么下一步您就应该考虑运用闪光灯进行摄影。

任何照相机所配闪光灯的默认位置都位于镜头正上方，但是这意味着拍摄对象暴露于直接照射的强光下，会降低影像的立体感。为了避免出现这种情况，并创造出有趣的闪光照片，需要将闪光灯摆脱热靴的羁绊，从而发出侧光、仰光、甚至背光。外接闪光灯更善于表现拍摄对象的轮廓和形象，使您的照片从众多平庸之作中脱颖而出。如果您打算开始使用在本章接下来介绍制作的照明辅助器材中的某些工具，外接闪光灯也确实非常有用。

好消息是把闪光灯与照相机分离的方法很多，而且没有一种方法特别复杂。

必备器材
· 内置无线闪光控制系统，闪光灯连接电缆，或者从动设备
· 如果您的相机没有电源同步控制系统插座，就需要热靴适配器
困难指数：★★

左图：使闪光灯离开照相机，并与环境光达成平衡，可以添加微妙的"充实"效果。

多重闪光装置

通过使用一只以上的闪光灯，您可以很容易地创意出复杂高级的照明效果。如果相机内有一套无线闪光控制系统，您就获得了相机自动测光的额外优势。即使没有这种系统，运用照相机，很容易观察到结果，并通过调整闪光灯的位置和强度来改变亮度。不要害怕使用闪光灯——利用照相机的液晶显示屏作为参考进行体验，很快就会产生杰伦的效果。但首先，是将闪光灯与相机分离！

内置无线闪光控制系统

许多现代数码单反照相机都具有内置无线闪光控制系统——只要打开和和使用就行了。这些系统通常由一个内置的闪光控制单元所操纵，该装置与安置于可视范围内的另一只闪光灯"对话"。一个内置的闪光控制系统可以控制多只外接闪光灯，为您进行曝光值计算。这是运用外接闪光灯进行照明的最简易方法，但并非所有的照相机都具备这种系统。

电缆连接

虽然无线闪光控制系统是最简便的运用系统，但最简便、最安全地操控多只闪光灯配置的方法是使用电缆连接。任何带有热靴或者电源控制闪光灯插座的照相机都可插接闪光灯电缆，而且任何闪光灯装置都可以用电缆操控，但是需要使用一个适配器。如果照相机和闪光灯产自同一制造商，通常就能够购买到连接闪光灯和照相机的专用电缆，使闪光灯和相机间的连接就如通过热靴一样，从而，所有曝光值的计算都将自动进行。

在最基本的配置中，电缆仅仅启动闪光灯，而没有其他信息交换。这种类型的配置效果非常完美，但理想的情况是在光圈优先的模式下使用闪光灯装置。在这一模式下，可以把闪光灯设置与照相机镜头上的光圈设置相匹配，或者根据您想要的效果，将光圈调小或调大，以略微增减曝光量。

电缆连接的最大好处是，它们极少失误，可以确保每次闪光灯都能发光。缺点是，由于电缆长度的限制，闪光灯的安放地点存在局限性。另外，拍摄时，电缆会妨碍行动。但是另一方面，它们价格便宜，使用方便。

从动装置

连接闪光灯，以保证它们都同时闪光的更理想方式是利用光学从动装置。它们是连接到闪光灯触发器的光敏电池，能在察觉另一盏闪光灯发光的瞬间启动闪光灯。在室内，环境亮度低，光电从动装置运行非常好，但在室外面非常明亮的条件下，它们的可靠性会降低。

无线从动装置效果更佳，因为它们利用无线电信号触发，而不用光触发。这些从动装置需要一个安装在照相机热靴上的发射器，而且每盏闪光灯上需要安装一部接收器。算下来价格可能相当昂贵，但是它们都非常好用，而且总的说来，它们比光学从动装置，照相机内置闪光灯，以及电缆操控范围更大。发射器和接收器彼此也不需要相互间的"视线"，因为无线电信号可以穿透墙壁。

闪光灯布局

把闪光灯从热靴上取下来是个了不起的开端，但现在有了更大的自由，则需要考虑将闪光灯放在什么位置。通常有两种主要的照明效果可供选择：自然光效果与戏剧灯光效果。一般来说，自然光来自上方（仿效阳光，或者室内灯光），而戏剧灯光来自下方。要考虑的问题是，"究竟主要让闪光灯成为照片的特色之一（戏剧效果），还是希望人们赞赏用光手段，但关注的是拍摄对象（自然光效）？"

根据与拍摄对象的相对位置，闪光灯的位置可以分为三个基本位组——即拍摄对象的前面、后面和侧面。显然，可以把闪光灯放在拍摄对象的略为偏后一点的侧面，但是目前我们将依据这三条基本原则用光。

对大部分拍摄对象而言，从前方对其用光效果都不错，一般而言，如果保持闪光灯远离镜头的轴线，并高于照相机，能很容易地获得良好的效果。这种类型的用光可以展示出细节，但创作出的影像相当扁平，所以应试着把闪光灯举高，把光向下打到拍摄对象上，重新营造出更自然的、如阳光般的感觉。如果手持闪光灯拍摄人像，您可能没有选择，只能运用正面光——除非您的胳膊很长。

如果想显示拍摄对象的形状，侧面光是实现这个目的的方法，虽然不接受光的一侧会出现较浓的阴影。就侧光本身而言，它能营造出戏剧性的效果，但是如果使闪光灯的输出与环境光达成平衡（或者侧面用光与正面的另一只闪光灯，或者照相机上的闪光灯相配合），就能使受光平淡的拍摄对象平添立体感。

最后，从后面对拍摄对象用光，无论拍摄对象是什么，都将显示其轮廓形状，将其与背景分开，对大多数拍摄对象，无论是人物、食物或者静物，都很适合。但是这种用光方式几乎总是需要与一面反光镜或者另一只闪光灯配合使用，因为后置闪光灯显然只照到拍摄对象的后部，而其前部仍留在黑暗里。恰如外面的阳光，或者如墙壁这样的大面积白色表面，或者能够把光反射到拍摄对象前部的反光镜上，照相机上弹出式内置闪光灯的投射光就足够了。参见第31专题，以了解如何自己制作反光镜。

右图：在这幅肖像里，外接闪光灯从侧面闪光，另一只闪光灯投射到背景，使拍摄对象非常醒目。

未加辅助器材的闪光灯直接打出的光线相当刺眼，它产生的阴影对肖像摄影尤其有着严重的影响。这就是为什么很多人将闪光灯头按照一定倾角投向白色的天花板，因为折射投向拍摄对象上的光能营造出一种更自然，光照更均匀的肖像。

正因为直接闪光非常刺目，所以市场上出现了许多适用于安装在闪光灯上的器材，以利于漫射和柔化这种刺眼的强光。但是这些器材出奇地昂贵，因此没有理由不利用纸板和某些柔光材料，如描图纸或者羊皮纸和蜡纸来制作自己的辅助器材。

根据与漫射镜一起使用的闪光灯特定型号，您需要调整模板（困难就在于此），但基本原理很容易操作和修改。

必备器材
· 便携式闪光灯
· 纸板（麦片粥盒子就很好用）
· 描图纸或羊皮纸/蜡纸
· 剪刀
· 美工刀
· 尺子
· 胶水
· 透明胶带
· 黑胶带

困难指数：★

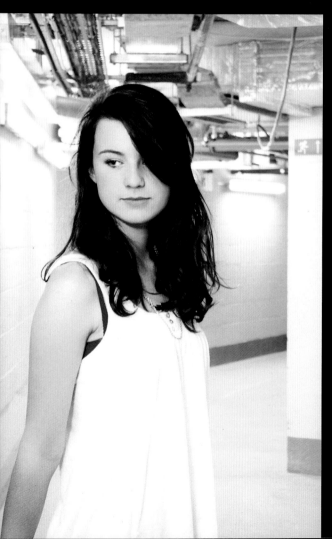

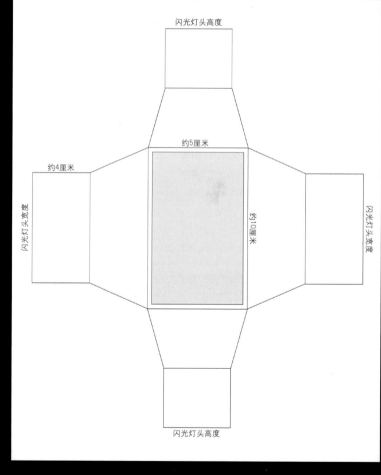

1 首先需要测量闪光灯头的高度和宽度。用这些测量结果绘制一张类似所示的平面图。您可以在纸上画，然后把它贴在一块纸板上，或者用计算机图形程序画出平面图，按比例打印出来，或者直接绘制在硬纸板上，然后，把它剪切成型。记住要剪出中心的窗口，以便粘贴漫射材料。

2 把漫射材料（画图纸或者类似材料）用胶带固定在漫射镜的前窗上，如果用的是像我这里所用的麦片粥盒，就把漫射材料粘在盒子的灰色内侧，这将是漫射镜的内侧。

3 用直尺和美工刀背在纸板上划痕，并将纸板折叠成形，用短透明胶条把漫射镜粘成一体。

4 现在该使漫射镜尽量密光，需要用黑色胶带把它裹紧。这不仅使其不透光，也将加固漫射镜，使之看起来更清爽。

5 最后，把漫射镜套在闪光灯上，并用橡皮筋或者胶带将其固定。使用时，漫射镜将发挥一个小型柔光箱的作用，将发出的光柔化和扩散。这将消除刺眼的阴影边缘，并帮助生成更令人欣喜的影像。

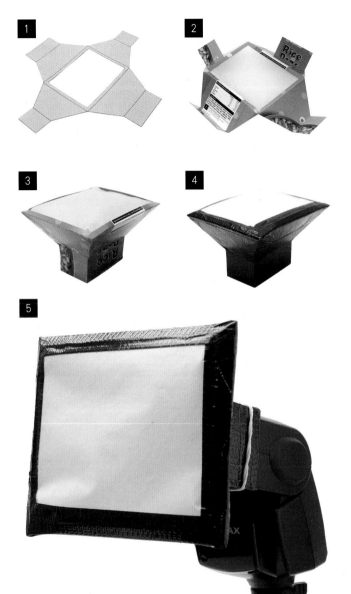

提示：
　　为了增加光的扩散，让漫射板的前部更大，但要小心避免使其过大，以至于挡住镜头！
　　为了提高漫射效应，增加漫射器材的深度，这样漫射材料离闪光灯更远。或者用数层漫射材料也有助于使光扩散。

34 筒形束光器

按设计，大多数便携式闪光灯可以投射出相当大范围的光，以覆盖拍摄的场景。但是，有些场合您想把光线集中在一个较狭小的位置，突出某个特别的区域，在背景上营造出聚光灯的效果，或者在拍摄肖像时防止光线投到某个背景上。使用摄影棚频闪灯的专业摄影师，利用称为筒形束光器的反射镜来实现这一目的。长嘴灯罩是安装在闪光灯前的一个反射盘（通常为管状或锥状），以物理方式将闪光灯的光限制在一个较小的区域。您也可以轻松地为自己的便携式闪光制作一个筒形束光器，为自己提供摄影棚式的用光控制。

必备器材
· 便携式闪光灯
· 纸板
· 美工刀
· 直尺
· 胶水
· 黑色胶带（可选）

困难指数：★

闪光灯头高度	闪光灯头宽度	闪光灯头高度	闪光灯头宽度
长嘴灯罩长度			凸缘

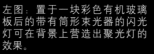

左图：置于一块彩色有机玻璃板后的带有筒形束光器的闪光灯可在背景上营造出聚光灯的效果。

就像这幅气氛浓浓的肖像，筒形束光器的方向性控制使光线聚集在影像非常特别的区域。

1

1 制作筒形束光器的起点是找一块硬纸板，麦片粥盒的纸板最理想。测量出闪光灯头的高度和宽度，利用本书中所付的模板作为参考，将测得的数据转用于纸板上。从本质上讲，所要做的不过是一个两端开口的矩形盒子。筒形束光器的长度将决定闪光灯的光束大小；筒形束光器越长，光束越窄。我做的筒形束光器长度为6英寸（15厘米），但要注意，需要多加1英寸（2.5厘米）的长度，以便套在闪光灯上。

2 剪下模板，用尺子和美工刀背划出折叠线，不要忘记沿着凸缘的长边将其折叠。

3 把胶水抹在凸缘上，将筒形束光器粘起来。如果使用的是麦片粥盒，折叠时印刷图文的一面朝外，否则，印刷的色彩会使闪光灯产生某种偏色。

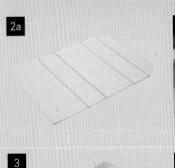

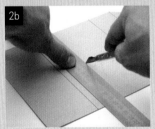

4 胶水干燥后，用宽胶带把筒形束光器缠裹好，使它更整齐，更结实。

5 现在只要把筒形束光器套在闪光灯头上，并用一小块胶带把它固定住就行了。闪光灯闪亮时，筒形束光器会像漏斗一样，将光汇集成窄小的光束，营造出"聚光灯"的效果。

35 便携式蜂巢

必备器材
- 便携式闪光灯
- 筒形束光器(见第34专题)
- 黑色吸管
- 直尺
- 剪刀
- 黑色胶带
- 胶水

困难指数： ★

提示：

　　网格中吸管的长度越长，"聚光灯"的光束就会越细窄。

　　网格有很多用法，从将一个明亮的光斑投射到背景上，到防止光线散布到某个背景上。另外，还可以用它来强调，或者突出肖像的某一特征。如果您有多只闪光灯，甚至可以照亮某个完整的场景。

　　虽然网格类似于筒形束光器，但吸管能够更好地集中光线，所以可以用这个更紧凑的器材来产生类似的效果。

右图：在这张照片中，利用柔光箱（参见第40专题）给花和花瓶打光。为了增加深度，网格聚光器被置于花瓶

1 制作网格聚光灯的起点是一个3英寸长（7.5厘米）的筒形束光器，应该按照前一专题1至4的步骤来制作一个黑色筒形束光器，将其作为便携式网格聚光灯的附属配件。

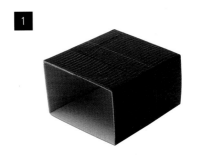

2 为了把筒形束光器转变为网格聚光灯，需要将吸管填满筒形束光器，它起着聚光"导向"作用。需要为筒形束光器留出大约1英寸（2.5厘米）的余地，以便套在闪光灯上，所以吸管须按2英寸（5厘米）长度统一裁切。

3 从筒形束光器的一端开始，在开放的一端将吸管对齐，并把它们粘到盒子内。一种方便省时的方法是把6~8根吸管粘成一"束"，然后用胶水再把一束束吸管粘好，用单根吸管补空隙，这比把吸管一根根地粘上去要快！直到吸管填满盒子，就制成了网格聚光灯附属配件。

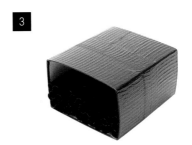

4 将新的网格聚光灯附属配件套在闪光灯上，用胶带固定好。现在，用闪光灯打光时，光受到吸管的引导，形成细细的光柱，对于突出照片上的某些小区域，堪称效果完美。

对任何有抱负的时尚摄影师来说，"不可或缺"的器材就是光质独特的环形闪光灯。这种可将照相机镜头置于其中心的环形闪光灯，能使摄影师以非常近的距离接近拍摄对象，从而创作出几乎没有阴影的影像。

这一器材最初是为某些不足以吸引人的用途，如法医、医学、甚至牙科摄影等而设计的。但是20世纪90年代末，大卫·拉奇普尔和尼克·奈特等尖端时尚摄影师首开先河，在时尚和肖像摄影中利用环形闪光照明。那种当时显得前卫的照片很快就风靡一时，为一代时装和肖像摄影师提供了灵感。

由于拍摄对象眼中无法掩饰的环形眼神光，以及环绕拍摄对象的阴影"光环"，环形闪光灯拍摄的肖像很容易识别。环形闪光灯均匀的照明使它成为理想的补光，柔化用其它光源产生的刺眼的阴影，但是摄影棚内的专业环形闪光灯的成本，常常使这一特别的照明光源超出大多数摄影师可承受的程度，而不敢奢望。

然而，利用现有的便携式闪光灯和手工制作的柔光镜，可以很容易，而且廉价地复制环形闪光灯所产生的效果——最大的投资不过是区区几个小时的制作时间。

必备器材
· 便携式闪光灯（离机）
· 一个大的浅塑料碗
· 一个较小的塑料碗
· 铝箔
· 羊皮纸、蜡纸或者描图纸
· 黑色胶带
· 胶水（适用于塑料的）
· 剪刀
· 美工刀
· 直尺
· 记号笔
· 无光黑色喷漆
· 厚卡片

困难指数：★ ★

左图：环形闪光拍摄的照片，其典型特征是拍摄对象眼中的环形眼神光和环绕被摄者的阴影"光环"。

提示：

如果来自环形闪光灯柔光材料的光照不均匀，或者不能完全反射到整个柔光镜上，那么用砂纸轻轻地把柔光镜较明亮的区域磨粗糙，或者再增加一张柔光材料来使光线均匀。

第39专题介绍如何制作用于家庭摄影室中的较大的环形闪光漫射镜。

1 环形闪光柔光镜的主要部分由两只塑料碗，或者两个塑料容器构成，其中一只大些，但别太深，另一只小些，但深度几乎一样。较大的碗可用微波炉塑料盒盖，或者盆栽植物花盆的透明托盘（此处使用的材料）是最理想的。

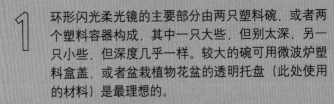

2 第一项任务是剪去较小的碗的底部，碗底留下一圈狭窄的边缘。根据容器的塑料类型，您可能需要一把锐利的剪刀、手艺刀或者旋削刀具。

3 把小容器放在大容器的中间，用马克笔，沿刚剪下的孔内缘做记号，在大碗的中心剪切出一个相应的孔，这个孔就是使用闪光灯时镜头的位置。

4 把碗底剪出的两个孔对齐后粘在一起。因为需要很强的粘贴接力，环氧树脂是最佳选择。为了获得最佳的附着力，应用砂纸将涂抹胶水的地方磨毛，也可用剪刀或者美工刀将塑料刮毛。在进行下一步工作前，应该留出充足的时间让胶水彻底干透。

5 现在，在较大的碗边挖一个插口，它应该比所选闪光灯的头稍大一些，这样以便添加一个纸板做的"闪光灯卡口"。

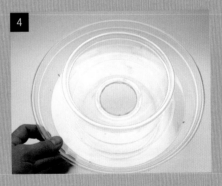

6 此时，您可以把碗喷上无光黑漆，这可以由制作者决定；但推荐这么做，是因为这将使成品柔光镜显得更加专业，而且可以减少任何导致镜头光晕的反射光。

7 为了有助于支撑闪光灯，用厚纸板做一个三面的支撑，其宽度和深度应该与闪光灯一致，厚纸板支撑的上部带有折沿，能穿过大碗边上的孔，如图所示。把折沿打开贴在大碗内，然后用胶水或者胶带固定。

8 用铝箔铺入两碗之间的区域。如果弄皱了铝箔，应该再把它压平，这将有助于反射环绕柔光镜的光。用胶水或者胶带粘牢铝箔，并确保不要盖住闪光灯安装孔。

9 要创造出均匀的漫射效果，需要加某种柔光材料。羊皮纸、蜡纸或者描图纸都是很好的材料。画一个与大碗的直径相符的圆圈，然后在里面再画一个与小碗直径相符的圆圈，如需更强的柔光效果，可以使用两个柔光环。

10 沿着大圈剪切，然后剪去中心的圆盘，用短透明胶带固定住圆形柔光环。

11 将闪光灯连接到反射环配接器上时，把闪光灯插入"闪光灯卡口"，并用橡皮筋或者胶带固定住。现在，只要将相机镜头插入环形闪光灯的中心孔，就可拍摄出具有环形闪光灯照明效果的作品了！

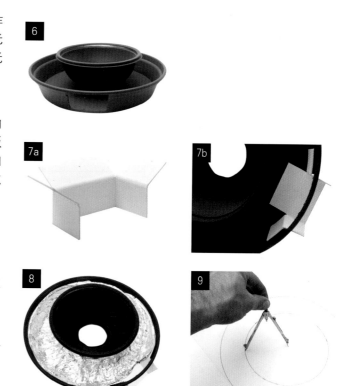

除受时尚摄影师的青睐外，在拍摄像这张海贝的高调照片一样的特写时，环形闪光灯能够提供最完美的均匀照明。

美容盘是肖像和时尚摄影中最常用的光线调节器材之一。美容盘能产生圆形均匀的光，从而形成逐渐变得更暗的柔和阴影。这是闪光灯对距它前面几英寸远的小盘子（常为银色）直接闪光的结果。光从小盘子反射到另一个大盘子上，大盘子将光反射扩散照亮拍摄对象。光每次反射的时候都会被柔化。因此，美容盘的"双反弹"法是利用一个非常紧凑的反光装置来创造更大照明范围的好方法。

通常，美容盘放在头的高度以上的位置，离拍摄对象相当近，与其脸成45°角。这有利于表现面部特征，特别是脸颊和下巴的清晰度，却没有增加生硬的阴影。拍摄对象下方可放置一面大反射镜（见第31专题），将从美容盘上反弹回来的光投向拍摄对象，使阴影进一步柔化。尽管柔化了阴影，但光本身仍然是直射光，特别是美容盘是用银色反光材料制成时，光线可能很强。这虽然提高了清晰度，并揭示了细节，但如果拍摄对象肌肤不够完美，拍摄结果并不理想。因为美容盘用于时尚摄影时，拍摄对象一般是拥有无瑕皮肤的模特，或者至少是化过浓妆，或者经过大量后期编辑。

如同大多数摄影棚内闪光灯设备一样，专业美容盘价格很贵，尤其是与摄影棚频闪灯配套的美容盘，但利用大多数在日用品商店里花费极少就能购买到的物品，就可以为便携式闪光灯做一个美容盘。

必备器材
· 便携式闪光灯
· 大而透明的塑料盘或碗
· 小而透明的塑料盘或碗
· 剪刀
· 美工刀
· 双面胶带
· 黑色胶带
· 马克笔
· 拉链带、细绳或电线
· 铝箔
· 白色喷漆
· 黑色喷漆
· 钻或旋转刀具

困难指数：★ ★

左图：置于略高于头部的上方，距离拍摄对象相当近，美容盘有利于表现拍摄对象非常清晰的特征。

1 像前一专题所述的环形闪光灯辅助器材一样，美容盘的主要部件是两只塑料碗，一只是用于闪光灯对其照射的小碗，一只是作为主反射镜的大碗。

2 将闪光灯置于大碗的中心，并沿着闪光灯头画一圈，在碗上作出标记。

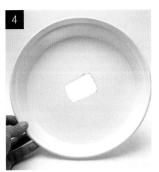

3 把标记的形状剪去，以便闪光灯头能插入。根据所用碗的塑料类型，需用不同的刀具挖孔，如用剪刀、美工刀或旋削刀具。

4 一旦剪好孔，在碗里喷上无光白漆。这有助于漫射和软化光线。

5 待漆干了后，在切除的孔边沿贴上黑色胶带，以免把闪光灯插入孔中时，锋利的孔边划伤闪光灯。

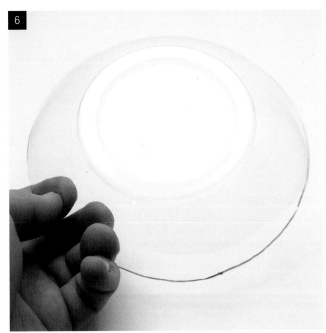

6 取出小碗，做好标记后，沿着其周长裁剪，以减少它的深度到大约4厘米。如果小碗已经相当浅，可以省略这一步骤。

37 > > >

7 把一些铝箔弄皱，用胶水或者双面胶带把它粘到较小的碗里面。尽量让它保持越皱越好，因为这有助于将光反射到不同的方向。如果愿意，可把小碗的外部喷黑，使其美化。

8 接下来，在小碗边沿每隔120°标出三个点，做好记号，用钻头或者旋削刀具分别在三个点上钻一个小孔，然后在大碗的对应位置上也钻孔。

9 把小碗倒扣在大碗里面，铝涂层表面（小碗内面）面对大碗的白色内部。将钻好的三组孔对齐，用铁丝或者细绳从孔中穿过，把小碗悬挂在大碗中间，使其正好位于为闪光灯剪切的孔之上。在绳上打结，或者扭紧铁丝，将小碗固定。

10 最后，把闪光灯从大碗后插入孔中，用胶带把轻盈的美容盘固定住。闪光灯一亮，光将照射在小碗的铝箔上，反射到大碗里，再从白色表面反弹，产生拍摄肖像用的完美灯光。

 7a
 7b
 8a
 8b
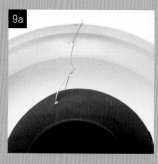 9a
 9b
 10

提示：

改变大碗中喷漆的类型或者颜色，可以改变美容盘所产生的光。使用银色或者镜面光泽涂料来代替白色，会使反光更强，增大拍摄反差。使用金色的反光碗，会产生与银色反光碗水平相近的反差，但是金色的反光会给皮肤色调平添一点古铜色调。

还可以用不同深度和直径的反光碗进行实验。碗越大，产生的光线越柔和。另外，把一张羊皮纸片、蜡纸或者描图纸粘到美容盘内，可以使光线进一步柔化。

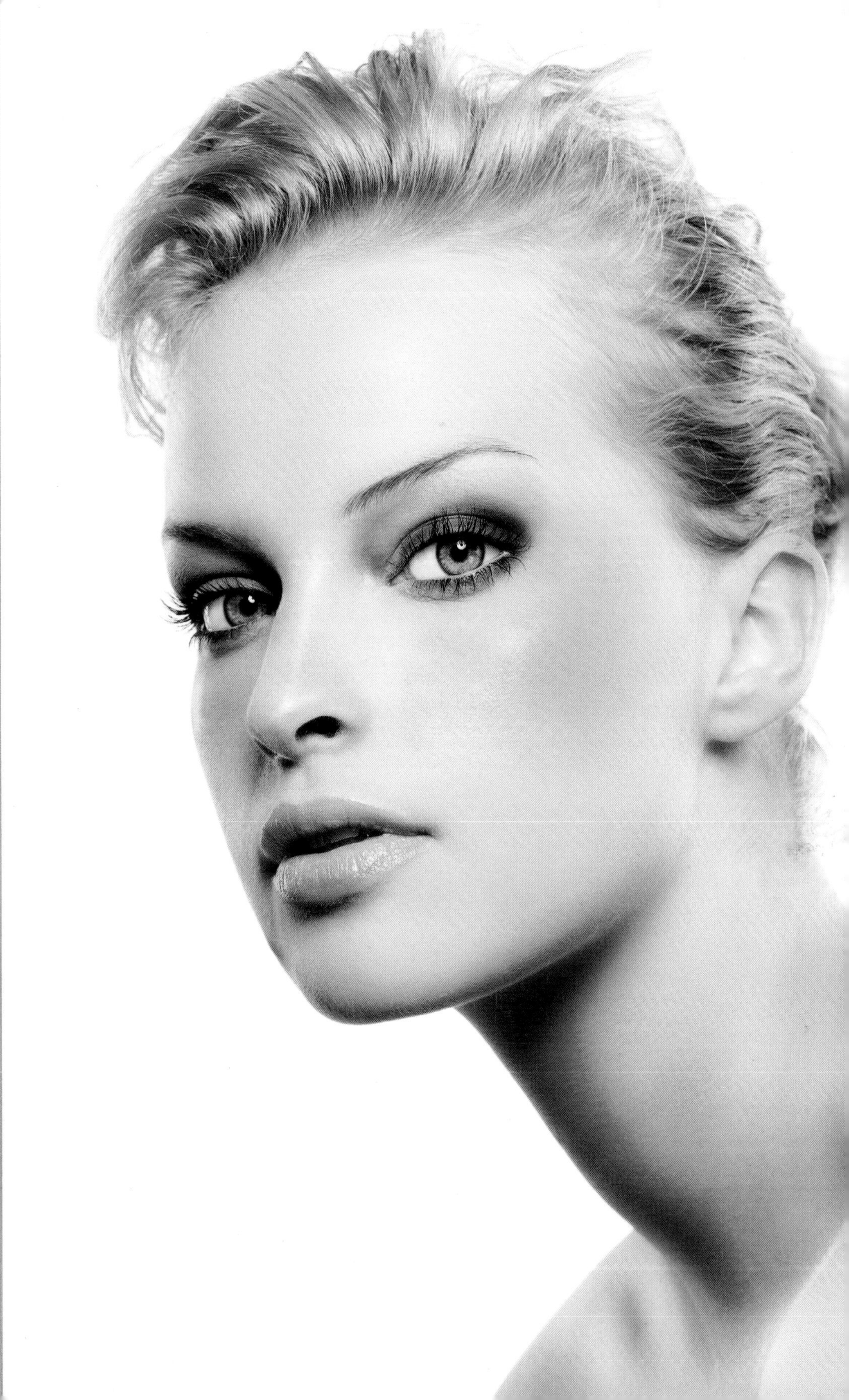

右图：如果模特肌肤不够完美，美容盘可能会袒露一切而达不到预期的效果，因此有必要在创作过程中考虑化妆和后续的影像编辑。

38 摄影棚长条灯

前述专题展示了如何为便携式闪光灯创造出一系列有用的辅助器材，特别突出了可携带性。其中有些器材还不够小，但户外拍摄时还是很方便使用的。接下来的三个专题是专为摄影棚使用而设计的。首先亮相的是制作摄影棚长条灯的简单方法，这种长条灯通常内装一条日光平衡型荧光管，然而，在此将仅仅利用便携式闪光灯来营造出独具特色的长条灯效果。

其主要部件是一个细长的薄纸板箱。可以找一只尺寸合适的现成纸箱，也可以自己做一只。虽然没有精确的尺寸要求，但一只约2~3英寸（5~7.5厘米）深，6~8英寸（15~20厘米）宽，大约3~4英尺（90~120厘米）长的纸箱效果就很明显。在此利用了一只原来是放衣架的"现成"纸箱。在其前面有可以开启的盖子，带来的额外优势虽然不是必须的，但对控制光线却非常有用。

下图：拍摄这张简洁的照片时，用了一盏长条灯和两块反光板进行照明。

把两个环一起夹紧，以确保它们粘得均匀些，将钳制在一起的环过一夜，使粘合剂组件能够彻底地固定住。

上图：这幅人像中，在模特前且低于照相机的下方使用了一盏长条灯。

1 第一步是用宽胶带粘接加固纸箱所有的连接处和拐角。

2 一旦加固完纸箱，就需要用反射铝箔衬在里面。最好将铝箔展开（光泽面向下），沿着纸箱的端面，在两侧、顶部和底部画出每片的尺寸，然后仔细剪下箔片，并使用喷胶把箔片粘在纸箱里面，光泽面朝外。

3 贴好纸箱的反光衬后，在纸箱的一端描出闪光灯头的轮廓，用美工刀紧贴里面的轮廓线裁切出闪光灯孔。这样能将闪光灯松紧适度地插入此孔，靠摩擦力就可以将其固定。

4 下一步是把柔光材料粘贴在纸箱的前面。我用了便宜，质薄的白棉布，但也可以使用双层的羊皮纸、蜡纸或者描图纸。把纸箱正面朝下放在材料上，沿着轮廓划出标记。沿着边缘加宽1英寸（2.5厘米），这样就留出了多余的材料反折过来粘在盒子上。

5 剪下前端的柔光材料，并用胶带或胶水，将其粘在灯箱上。把棉布绷紧，粘在纸箱的两块可翻折的盖板上，并用夹子固定。等待胶水干透后，把棉布边缘反折，用胶带把它们全部粘牢在盖板上。

6 这就制成了适用于便携式闪光灯的长条灯柔光箱！现在，可以把闪光灯插入顶部的孔中，并开始拍摄！该设计可以无须使用支架，或者侧躺着，或者直立着。如果装上闪光灯后，平衡性不好，可以试试增加一些纸板支脚来稳定它；也可以在底部或者一侧加上一个孔，用一个大平的垫圈和螺母把它安装到三脚架或者灯架上（参见第28专题）。

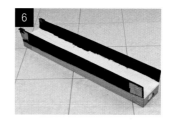

提示：

　　长条灯前若带可折叠的盖板，可以改变条形光的宽度，从宽度较合理的长条光束，变到一道狭窄的光隙。

盖板打开

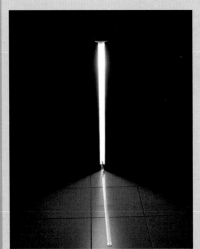

盖板合上

左图：为了拍摄这张充满震撼力的照片，用了两盏长条灯和两盏"裸"闪光灯来布光。

39 摄影棚环形灯

正如第36专题中的设计所示，环形闪光灯在时尚和大型图片摄影师中的受欢迎程度令人难以置信，而为闪光灯做一个便携式环形闪光附件并不太难。本项目将展示如何做出大型环形反光附件，在小摄影棚里拍摄出效果极佳的肖像和时装照片。论及组装闪光灯时，没有"一成不变的"的硬性规定，所以应该从基本步骤开始，对不同的反光环和盒子尺寸进行试验，这将使您的照片与其他任何人的作品呈现出略为不同的风貌。

必备器材
- 便携式闪光灯（离相机）
- 大的浅盒子（如比萨饼盒）
- 方盒（自制或者"现成的"）
- 铝箔
- 宽胶带
- 铝膜胶带（可选）
- 喷胶
- 马克笔
- 剪刀
- 美工刀
- 圆规
- 柔光材料（白棉布、羊皮纸、蜡纸、描图纸或者类似材料）
- 黑色纸板
- 约1英寸（2.5厘米）宽，1/8英寸（0.6厘米）厚的细木条

困难指数：★★

1　制作摄影棚环形闪光灯的起点是两只纸盒，一只较大较浅（如比萨饼盒），另一只小一点儿呈正方形，每边约3～4英寸（7.5～10厘米）长。此处用的是曾经装过一套天平的小盒子和一只灯架箱的一部分纸板。

2　标出内层盒子中需要挖空的部分，这必须是外盒深度，两端各加1英寸（2.5厘米）作为折叠沿。如果找不到大小合适的盒子，可以用厚纸板很容易地做一只。

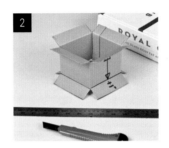

3　如图所示，用美工刀划痕加上折叠沿，然后围着盒子的外部粘上铝箔，但不要粘在折叠沿上。如不使用铝箔，您可以使用铝膜胶带围在方盒的外围。

4　现在，需要在大盒子里衬一层铝箔，先展开铝箔（光泽面向下），用马克笔标出盒子的轮廓，然后按要求切出铝箔形状，用喷胶把有光泽的一面朝外粘在盒子里。由于边缘较窄，可用铝膜胶带来粘贴，因为覆盖较小的区域它更方便，但可以用铝箔来铺衬边缘。

5　在盒子里铺衬好铝箔后，将其合上，在上面从一个角到另一个角画出对角线。然后把小盒子放在中心，这样使它的四角与对角线对齐。当确定其处于中心位置后，用马克笔沿着小盒子的内边画出记号。

6　用美工刀小心地切去出标记好的正方形，把盒子翻过来，用切出来的第一块做模板，在另一边重复该过程。

7 把大盒子打开，将小盒子置于底部的孔上，用胶带将折叠沿固定粘住，然后用铝箔或者铝膜胶带盖住四个折叠沿。

8 接下来，需要在盒子上方标出反光环，这基本上意味着在大圆圈内再画一个同心圆。最简单的方法就是使用圆规画这两个同心圆，但我的圆规好像丢了，所以我用了一个小盘子来画内圈，用一个锅盖来画外边的大圈。环的宽度不是很要紧，2~3英寸（5~7.5厘米），就是不错的尝试，但重要的是，这两个圆都以盒子中心点为圆心。

9 标出圆环后，沿着外圈裁剪，因为随后要用切下来的圆片作为模板，所以一定要认真仔细。接着，剪出内圆，由于要保证内圆和环完好无损，剪切时也必须十分小心。

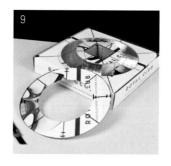

10 下一步是准备柔光板。我用了一块便宜的白色棉布，但双层羊皮纸、蜡纸或者描图纸也可以起作用。在布或者纸上画出主体盒子的轮廓，然后把材料剪下来。此处可以看到放在主体盒子上的剪下来的柔光材料，但在现阶段，千万不要把它粘贴上去。

11 把从环上剪下的内圆放在中间的小盒（和柔光材料）上，然后在柔光材料上标出方孔的轮廓。

12 把柔光材料放在一侧，把剪出来的内环部分用胶带粘在内盒上，用铝膜胶带粘贴最理想。

13
现在，可以粘贴柔光板了，用胶水或者胶带把它粘在盒子前面。在柔光材料的中心孔位置，剪出对角线折叠沿，以便将它们粘在内盒的方孔内壁上。

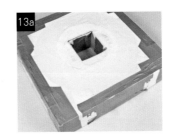

14
为了使闪光灯美观，用黑色纸板来包装箱体的正面。最简单的方法是用您之前切出的纸板环作为指引。一旦纸板上的环剪好后，把闪光灯环和黑色纸板上的环对齐，将纸板按照尺寸修剪合适。在纸板的中心剪出对角线折叠沿，与中心方孔吻合。为了加固和美观，可以用胶带转圈粘牢所有的边缘。

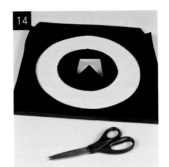

15
现在为了放置闪光灯，需要开一个孔，在盒子的一侧沿着闪光灯头画出轮廓，然后裁剪出所画的形状。为使闪光灯插入时松紧适度，注意沿所画线内侧裁剪。

16
最后，需要把环形闪光灯装在灯架或者三脚架上。由于纸板本身不够结实，可以沿着盒子的底部（与安放闪光灯相对的另一边），把一薄木条整个粘在这个面上，木条中部留一个孔，以便螺栓穿过。在木条与盒子间应留出少许间隙，这样就可以把螺母放在木条中部的小孔后，将它在三脚架上拧紧，或者用螺栓穿过木条，把环形闪光灯固定在灯架上。现在，就可以使用环形闪光灯中心的小孔，拍出理想的效果！

提示：
　　谁说过环形闪光灯一定得是圆的？如除了剪成圆环，还可试试制作方形的、六角形的、甚至是三角形的环形反光器材，以便给拍摄对象的眼睛增加出乎意料的眼神光。

摄影棚柔光箱

无论拍摄人像，还是拍摄经过布局的静物或简单的产品，在摄影棚里，柔光箱都构成了大多数专业摄影师照明器材的支柱。柔光箱的作用在于它能产生的一种大范围柔和分布的光，既可用于整体照明，也可以与其它灯，如前面已经提到过的网格和环形闪光灯进行组合。本专题展示如何制作自己的柔光箱，并快速简便地安装便携式闪光装置。不同于前述的各个专题，做柔光箱需要木框架，但不要因此却步，因为不需要任何木工技能，就能把它组装起来。需要的所有材料在当地五金商店里都能买到，所付价格仅为专业柔光箱的零头，但效果却没有什么差别！

上图：这朵花是用自制的摄影棚柔光箱从后面打光拍摄的，另外用了两盏闪光灯来增强造型。

必备器材

· 便携式闪光灯（离机）
· 做框架和闪光灯托架用的木条（约15英尺5米）
· 做支架的木条（约3英尺或1米长的较粗木条，为1.5x0.75英寸或者38x19毫米粗细）
· 小型L角铁形
· 小螺丝（用于L形角铁）
· 小型挂图铁架
· 大约12英尺或者4米长的粗铁丝
· 4大张纸板
· 铝箔
· 铝膜胶带
· 宽胶带
· 螺栓或者螺母（把柔光箱安装到三脚架或者灯架上）
· 作为柔光材料的白棉布（或者类似材料）
· 尼龙搭扣
· 螺丝刀
· 钻具
· 锯
· 夹钳
· 射钉枪

困难指数：★★★

1 本专题是要做一个尺寸为40英寸x24英寸（100厘米x60厘米）的柔光箱，对于肖像摄影，这个尺寸相当不错了，对静物摄影，则远远超出其要求了。前框是用细木条制成的一个简单长方形框架，细木条尺寸约为3/4x1/2英寸（19x10毫米）见方。确定柔光箱尺寸后，截下所需的木条长度，用小型L形角铁把各个端头连接好，做成一个平面框架。由于木条很细，为防止木条被挤裂，用钻头先钻个导引孔是个不错的主意。

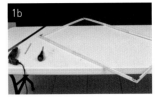

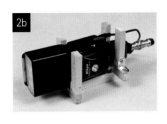

2 接着，做一个托架来托住闪光灯。做托架的方式不止一种，我决定按照摇篮的设计去做，这样闪光灯可以很简便地取出。量出几小段木条来做托架，关键尺寸是闪光灯的宽度和高度。为了把几段木条连接成托架，我用的是内连L形角铁。做这个简单的托架，无需真正的科学，只要把托架的几段木条依次拧上即可。每装一段木条时，把闪光灯放入托架，以帮助定位。

3 现在需要把托架连接到前框。对于这种尺寸的柔光箱，从前框到闪光灯的距离约20英寸（50厘米），就能取得很好的效果。更大的柔光箱需要更远的距离，而较小的柔光箱中闪光灯和前框之间则需要更近的距离才能发挥作用。为了更方便地把托架连接到前框上（并保持两者间正确的高度和距离），我用内L形角铁把两段20英寸（50厘米）长的木条连在一起，为托架做了一个临时支架。

下图：给这辆模型车打光时，用了两个自制的柔光箱，并且使用两只闪光灯，通过柔光镜和反光镜用的普通白卡纸，来为模型提供辅助光。

4 我用20号（直径0.9毫米）的护栏铁丝和小型挂图铁架把前框与托架这两部分连在一起，任何用手可以弯曲（但不会反弹）的结实铁丝都可以用。首先，剪下4段40英寸（100厘米）长的铁丝，把它们大致拉直。把一头穿过挂图架，把铁丝折回来绕在自身上将其固定，然后把挂图架用木螺丝拧到前框上（先钻出导引孔）。在前框的所有四个角重复这一步骤。接下来以同样的方式把铁丝的另一端安装在闪光灯托架上。

剪去每头多余的铁丝，并拆除临时支架。此时，如果整体有点儿摇摇晃晃也不必担心，下一步就是为整个柔光箱添加一个同时作为安装点的支撑臂。

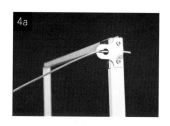

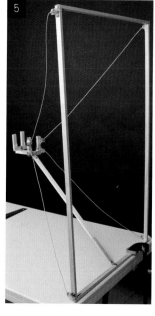

5 该支撑臂是一段前框底部和闪光灯托架呈斜线连接的木条。截取一段木条，其长度要比前框和支架之间的距离约长几英寸。把柔光箱正面朝下放平，把支撑臂放到预定位置，在木条边上画出连接的角度，这个角度将确保支撑臂与前框和闪光灯托架极好地吻合。按照得到的角度锯去多余的末端，用内L型角铁将支撑臂连接上。先用两把钳子将角铁在直角处弯曲，然后用螺丝把支撑臂固定好（要先钻出导引孔！）。

6 接下来的任务是为把柔光箱连接到灯架的螺栓装一个固定支架。为此用一块比做支撑臂稍粗一点的木条，在上面划一道线条。安装在支撑臂上时，这条线大致与地板平行。不必画得绝对精确，但尽可能接近。

沿着所画的线锯开木条，然后确定柔光箱的平衡点。将支撑臂置于手上，如果柔光箱既不前倾，也不后仰，这就是平衡点。在这个点上，用螺丝把固定支架拧在支撑臂上，柔光箱的"骨架"就大功告成了。

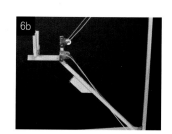

左图：摄影棚内简单的静物拍摄，常常只需要一个柔光箱就足以产生奇妙的效果。

7 现在，该给柔光箱添上〝皮肤〞了，做皮肤的最佳材料是薄纸板。此时，最好给柔光箱的每一侧都编号，这样就可以使剪好的纸板等与相应的侧面相配。

为了制造〝皮肤〞，让柔光箱侧躺在薄纸板上，画出柔光箱的轮廓，这样就有了一个三角形状。拿开柔光箱，把画好的线延展几英寸，以便得到折叠和粘贴的地方。给纸板做上标记，有助于知道它应该贴在哪一侧上。

对柔光箱的每一侧都重复这一过程，并剪下相应的纸板。

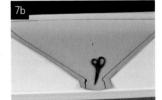

8 在粘贴纸板前，先用铝箔覆盖，这样它就能尽量反射光线，并保证柔光箱不漏光。剪出足够大的铝箔覆盖于纸板上，有光泽的一面朝上，用喷胶把它们粘上。将胶水喷到纸板上，而不是铝箔上，然后用布沿铝箔整个抹一遍，排除气泡，并确保纸板和胶水粘合在一起。剪掉多余的铝箔，其余的纸板也照此过程操作。

9 现在，您可以把纸板连在骨架上。先从较大侧面中的其中一张纸板开始，用纸板里面的一小块铝膜胶带把它连在闪光灯托架和铁丝上。用纸板末端的多余材料做成一个凸缘，并将其钉在托架框的木条上。然后用胶带把纸板宽的一端粘到柔光箱的前框上固定住。

10 接着，剪出两段与铁丝同样长的铝膜胶带。把铝膜胶带沿着铁丝把纸板从两边与铁丝固定住。胶带可超出纸板边，这样留下了一段可以连接相邻纸板的长胶带折页，最后再把纸板钉在前框上。

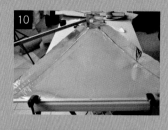

11 柔光箱的另一侧也按照前面的步骤操作，用胶带折页沿着四条铁丝粘牢。这样就固定好了两个面。

12 接下来，把纸板铺到到柔光箱的顶部（没有支撑臂的一侧）。确保对齐后，先把纸板的边沿钉在托架框上，然后把柔光箱翻过来，使这张纸板处于底部，用铝膜胶带折页将其粘在侧面的纸板上。完成这一步后，剪掉纸板外边上的任何多余部分，并用宽胶带加固边缘。

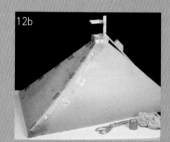

13 粘贴最后一块纸板前，需要先添加往灯架上安装的设施。灯架各不相同，如果所用的灯架没有"卡入"式装置（或者您想把柔光箱安装在普通三脚架上的话），可能需要钻一个小孔来嵌入或者粘入一个螺母。我装了一个螺栓和两个螺母，这样柔光箱就有了坚固的东西，用于固定在灯架上。

14 现在该粘贴最后一块纸板了，但由于支撑臂的影响，在安装之前您需要按照尺寸修剪纸板。重复第12、13所描述的步骤，把纸板的前缘钉在木框上，用铝膜胶带把里面粘住，然后用宽胶带加固外部边缘。

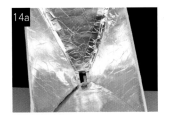 

15 最后的阶段是把柔光材料装到柔光箱的前面。白棉布就是很完美的柔光材料。把柔光箱面朝下放在棉布上，沿着外框边缘绘出其轮廓，并多留出1英寸的延展部分，这样就有足够的材料沿框翻折包住木框。

16 固定柔光材料的最佳方法是用尼龙搭扣，这样就便于把柔光材料拆下来清洗或更换，或者对柔光箱内部进行维修。可以在转角处增加一段额外的尼龙搭扣，使柔光箱更加美观。

17 这就是它——一个用于便携式闪光灯的大柔光箱就大功告成了。接下来只要把它安装在灯架上或三脚架上，就可以开始拍摄了。

提示：
　　您的柔光箱不一定要按这些尺寸做，可以比它大些或小些，或者将其形状变成一个更窄的矩形或者正方形。改动尺寸时，最重要的是闪光灯到柔光材料的距离：如果闪光灯离柔光材料太近，照到柔光材料上的光线就会不均匀。为了避免这种情况，可将柔光箱做得深一些，这样闪光灯就会离柔光材料远一些。

数码处理与打印

正如前面所见到的,有不少方法可以用来拍摄更有创意的照片,但是有些效果却不是仅仅在相机里,或者通过自制镜头或闪光灯辅助器材就能实现的。因此作为本书介绍的52项专题创意的总结,本章将为您展示在电脑上对照片如蛹化蝶般的12种处理技法。其中有的是重新创作拍摄过程中的视觉或胶片观感,有的是运用家中的打印机创作真正独特的艺术作品。本章内所展示的大多数专题创题运用了Adobe公司的图片处理软件(Photoshop),但是这并不意味着这是唯一能够使用的程序,用图像处理基础软件(Photoshop Elements)、专业绘图工场软件(Paint Shop Pro),甚至GNU图像处理程序(Gimp),一款可以从HYPERLINK "http://www.gimp.org" www.gimp.org网站上获取,用于视窗系统(Windows)和麦金托什操作系统(Mac)电脑的免费图像编辑软件,很多创意都能够同样轻而易举地实现。唯一要注意的是图片处理软件工具,在不同程序中会使用不同的名称。如果想运用图片处理软件(Photoshop)进行这些创意,另一种做法是从HYPERLINK "http://www.adobe.com" www.adobe.com网站下载可以免费试用30天的最新版本。

数码宝丽来SX-70胶片效果

之前

之后

必备器材
· 具有Smudge（涂抹）工具
  或类似工具的图像编辑
  软件

困难指数： ★

提示：

　　为模仿真正的宝丽来胶片的"塑性"质感，运用这一技巧制作的图片可用高光泽度的图片纸打印；为了进一步实现逼真的效果，可以用薄的白色画框纸为作品加一道宝丽来风格的边框。

　　为实现"终极"宝丽来的点睛之笔，将照片打印在喷墨透明胶片上，然后将胶片的喷墨面向下安在高光泽白色介质上，再用白色画框纸加一道画框，就可获得顶级棒的"仿宝丽来"照片。

　　宝丽来放弃生产即时成像胶片后，从感光乳剂提取到感光乳剂变化等一系列独特的材料和工艺就随之消失了。然而在此之前，另一种独特的感光乳剂胶片，即SX-70胶片（或者称瞬时胶片）就受到了冷落。

　　也许您不熟悉这种特别的胶片，它原来是为同名的即时相机设计的，这种相机曾一度成为了某种令人膜拜的经典。这种胶片令创意摄影家激动的是其独特的制作方法。其感光乳剂像三明治一样夹在偏振片基和透明的塑料封之间，而且由于感光乳剂需要短暂的时间"凝固"，因此有一个时机窗口，允许逐渐显影的图像由手工操控来创作出印象派式的影像。虽然这种胶片已经不再生产了，但是运用编辑软件仍然能够获得相似的效果。

涂抹工具

再现宝丽来照片的风格，关键在于涂抹工具，这个工具与模糊（Blur）和锐化（Sharpen）工具一起，隐藏在图片处理软件（Photoshop）的工具栏里。虽然其名称并不吸引人，却是再现宝丽来照片风格的完美工具。从原理上讲，涂抹工具就像一支画笔，可以设定不同的尺寸，改变笔触线条的硬度。不过，代之以将色彩运用到图像上，涂抹工具将已经存在的信息"涂乱"——就像将即显胶片中的感光乳剂挪动一样。调整涂抹工具的"强度"，就能改变其效果，因此会对影像产生或大或小的影响。

强度25%　　　　　　　　强度100%

轮廓线

根据感光乳剂的"干化"程度，以及施加压力的大小，即显胶片的特性之一是在操纵过程中能够添加一些原本并不存在于影像中的黑色或白色的线条，产生轮廓线和人为的"闪光点"。用数码手段复制这种效果，最直接的方法就是用"铅笔"工具（Pencil）或"画笔工具"（Paintbrush tool）添加黑色或白色的线条，并用涂抹工具将它们融入影像。

不同的笔触

打开影像文件，选择好涂抹工具，就可以再现即显胶片感光乳剂的艺术效果。在此，关键是反复试验，因此可以随心所欲地摆弄不同的画笔尺寸，改变画笔的硬度，也可以改变涂抹的强度，看看能获得什么不同的效果。

由于涂抹工具可以随心所欲地摆弄，沿不同方向运用也可以获得不同效果。例如要快速移除一个背景，较粗的画笔、较高的强度与环形"涂抹"相结合能达到理想的效果，而"直线式"涂抹能营造出有规律的、抽象的背景。

圆形笔触　　　　　　　　直线式笔触

42 垂向收敛视差与地平线倾斜视差

度假归来，您是否会对自己的一条腿似乎比另一条要短一些充满疑问？因为拍摄回来的照片中，没有一张的地平线是平直的？或者因为所拍摄的所有充满震撼力的摩天大厦结果看上去都变成了三角形而使您感到奇怪？如果出现以上疑问，那么您遭遇到的就是相机产生的地平线倾斜视差和垂向收敛视差。

垂向收敛视差是平行线条（如高大建筑的两端）距离相机越远，似乎靠得越近这种效应。对于非常高大的建筑物，这种情况尤其严重。但是拍摄任何大型形状规则的物体，特别是用广角镜头在非常近的距离拍摄时，这种现象会非常明显。此处采用的影像（见步骤一）同时遭遇了这两个问题：地平线不平直，所以教堂似乎向一边倾侧，而每面墙似乎向建筑物的顶部汇聚，运用编辑程序，这些问题就能够轻松地解决。

必备器材
· 图像编辑程序

困难指数：★

提示：
　　拍摄时，为了避免地平线倾斜视差，可将一小型水平仪安在相机的热靴上。这种水平仪在大多数摄影器材商店都可买到，如果相机装在三脚架上，水平仪能使您轻松地保持拍摄出的地平线平直。

矫正后的照片

1. 解决垂直收敛视差前，先修正地平线倾斜视差。从工具栏中选择"直尺工具"（Rule tool）（与滴管工具在一起）后，从影像应该为直线的一边画一条横贯影像的直线，选择影像>影像旋转>任意旋转（Image>Image Rotation>Rotate Arbitrary），使这条边平直的角度会自动出现在对话框中。点击"确定"（OK）键。

2. 校正了地平线后，可以修正教堂往一块儿汇聚的墙了。如果打开图像处理软件的网格（视图>展示>网格，View>Show>Grid），就会在图像上出现一个网格，使修正工作很方便地进行。
在此例中，运用了透视调整工具（编辑>改动>透视，Edit>Transform>Perspective）进行修正，因此需要双击图层调板中的背景图层，将其转换为可编辑图层（Layer 0），然后，利用网格作为向导，拽动顶端的调整点，直到教堂的墙相互平行。

3. 透视调整修正了收敛的墙，但是教堂看上去相当"呆板"。为了使它看起来更自然，可以选择编辑>改动>比例（Edit>Transform>Scale），不要点击选项图标进行透视校正。现在可以拽动上方和下方的调整点，拉伸教堂影像，使它恢复到看起来更真实的形状，然后再点击选项图标，运用透视修正功能。

4. 作为调整后的结果，左下角出现了一块空荡荡的空间，因此需要利用裁剪工具对影像进行裁切。这一步完成后，要做的不过是对色阶做些微调，就可以打印照片了。

> 提示：
> 代之以修正垂直收敛视差，为了创意性效果，为何不刻意强调这种视差呢？代之以使墙平行，将它们"挤压"到一起，能够增强挺拔的建筑物耸入云霄的感觉。

43 高动态范围影像

过去几年内数码摄影艺术中出现了一种新的流行趋势，称为高动态范围摄影（HDR代表"高动态范围"），由于可以在照片中显示海量的细节而大受欢迎。

数码摄影的问题是，从一幅图像的最暗处和最明处来看，照相机能够捕捉到的信息有限。如果曾经拍摄过日落景象，发现尽管天空是那么明晰，而海滩、风景或建筑物却变成了黑魆魆的剪影，虽然肉眼能够看到这些区域的细节，而照相机却捕捉不到这种十足的亮度或反差范围。

高动态范围摄影（以及称为"色调投射"的过程）的最基本意义指，对同一场景，拍出一系列能够对不同程度的亮度曝光的影像，将它们融合为一体，然后将范围广泛的亮度"压扁"进入一张可用的图片里。制作高动态范围影像有几种方法，此处我们将了解最直接的方法，这就是利用Raw 格式文件。

必备器材
· 拍摄捕捉Raw格式文件的数码相机
· Raw格式文件转换软件
· 高动态处理软件（如专业数字影像处理软件Photomatix Pro）

困难指数：★★

处理前

处理后

1　优秀的高动态范围影像，关键依靠至少三张同样的影像来加工：一张包含了高光区的所有细节，一张包含着阴影部分的细节，而另一张则是介于两者之间的曝光充分的影像。因此，第一步是在Raw格式文件转换器中打开Raw格式文件，然后产生出这三张影像。

开始，在Raw格式文件转换器中将曝光量降低2挡，并保持文件，这张就是包含高光部分的细节的影像。接下来，将曝光度调到0挡，创建"常规"曝光文档并保存，给文件另起一个文件名。最后，将曝光量调到+2挡（以显示出阴影部分的细节），加以保存，这样就获得了三份可以创作高动态范围影像的文件了。

2　为了把这三份文件转换为一个单一的高动态范围影像，此处使用了Photomatix Pro软件.进入文件>打开（File>Open），用浏览器找到此前创建的三份文件，Photomatix Pro知道这些是来自同一份Raw格式文件，所以您需要"核实分类情况"，原则上是告诉程序，影像是以多少曝光量来区分的。由于文件以2挡曝光量为区分，从下拉菜单中选择"2"，最亮的文件现在应该被列为2，曝光量中等的为0，最暗的则为-2.

3　下一对话框提供了一组选项，但由于选用的是同一Raw格式文件产生的三份文件，大多数选项可以不选，或接受其默认设定，唯一需要改变的是降低噪点（Reduce Noise），现在可以准备点击制造高动态范围（Generate HDR）。

4　制造高动态范围影像并不是一蹴而就的过程，而且Photomatix显示出的高动态范围影像看上去糟糕透了，高光部分将变成毫无特色的白色空间，而阴影部分则成了实实在在的黑色，跟"充满细节"的影像正好相反！

其原因是您看到的是一张"货真价实"的高动态范围影像，电脑屏幕的反差率又远远低于影像的反差率，因此需要某些进一步的处理。

43

5 为加工影像，从菜单中选择高动态范围影像>色调投射(HDR>Tone Mapping)，这是将亮度范围"压扁"到高动态范围影像的过程。

色调投射接口打开后，在预览窗口可以看到一张更正常的图像，它可能还需要加工，但比起前一步骤的结果绝对好多了。

色调投射对话框提供两项选项："细节提高功能"(Details Enhancer)和"色调压缩功能"(Tone Compressor)。细节提高功能常常产生更好的效果（而且更容易运用），但是考虑设置时，没有任何规则必须遵循，因为每一幅影像都不相同，每个人喜欢的效果也都不同，因此只需摆弄不同滑块直到获得自己喜欢的预览图像为止！

6 一旦对色调投射影像的结果感到喜欢，就可以点击"处理"按钮(Process)，然后影像会得到完整的处理。从菜单中选择文件>保存(File>Save)，将文件保存为TIFF或者JPEG格式文件，六个通向高动态范围影像的步骤就完成了！

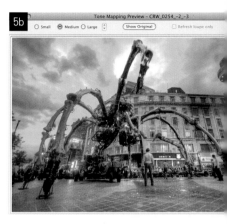

细节提高功能与初始设定

使用细节提高功能时，我用了下列设定作为初始起点：

强度：70%
色饱和度：60%
亮度：+5
光平滑度："极高"

这些设定可以把诸如天空和阴影区域之类的很多细节都体现出来。如果发现图像中出现很多杂色，可以增加微平滑度或降低强度来试试看。

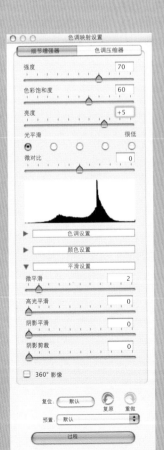

44 数码交叉冲洗

因为当时特异的视觉效果，交叉冲洗在某些胶片摄影师中一度很流行。这一技巧的原理涉及到使用不恰当的化学品对胶片显影，最常见的交叉冲洗是用为正片（幻灯片）设计的显影过程来对负片显影，这会产生某些相当古怪的结果。但是经过大量尝试摸索与失误，由于其戏剧性夸张的反差，无拘无束的过度色饱和，以及极不守常规的色彩，创作出来的相片可以显得非常酷。

交叉冲洗的劣势在于价格极为昂贵，而且结果难以预测：根据所使用的胶卷和显影参数，要么获得一卷彻头彻尾的垃圾而全功尽弃，要么获得一卷令人赞叹不已的影像而大获成功，两者的几率是相等的。幸运的是，如果用数码拍摄，运用图像编辑程序，就有可能再度创作出经典的"穿越处理"效果。

这个专题是为技巧更成熟的摄影师而设计的，而且需要图像处理软件Photoshop（或具备红绿蓝RGB曲线控制和调整图层的类似软件）的完整版本，这样就可能采用最大的控制，产生最有冲击力的影像了。

必备器材
· 具备红绿蓝（RGB）曲线控制和调整图层（图像处理软件Photoshop　CS或类似软件）的影像编辑软件

困难指数：★★

提示：
　　提供的设定是良好的起始点，但仅仅是起始点而已，用它们来实验，创造出独特的视觉效果。

处理前

处理后

1 在图像处理软件（Photoshop）中打开文件，选取图层>新调整图层>曲线(Layers>New Adjustment Layer>Curves)。打开曲线调整对话框后，从下拉列表的通道中选择红色（Red），将曲线移成此处所示的"S"形，影像此时应该略呈粉红色。

2 接着，选取绿色通道，将曲线拉成与第一步中红色曲线大致相同的形状。由于数码影像中的大多数数据都包含在绿色通道中，这一调整将会增加总体的反差，特别是高光区域的反差。

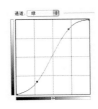

3 最后调整的曲线针对蓝色通道。运用这一调整，将蓝色从高光区域中消除，而添加到阴影区域，如图所示，将右上方的点向下拉一点，左下方的点向上拉，然后将曲线拉成平缓的倒"S"形。这会赋予影像总体的黄色色差，但同时赋予了阴影区域丰富的蓝色调。

4 这一步骤是随意的，可有可无，但是如果觉得曲线调整使影像的反差和色调平衡增加过多，可将曲线调整图层的"混合模式"(Blending Mode)改为"颜色"(Color)。改变了混合模式后，不必担心影像会突然看起来有点平淡与不自然，在下述步骤中这点会得到修正。

44

新建图层

| 命名：| 颜色填充1 | | 确定 |
| | ☑ 使用前层创建剪贴蒙版 | | 取消 |

颜色：☐ 蓝

模式：颜色　　　　不透明度：10 %

5 影像几乎接近完成了，但是可以适当增加一点蓝色，特别是为阴影和中间调区域增加少许蓝色。为此，选择图层>新填充图层>实色 (Layer>New Fill Layer> Solid Color)，选择需要的颜色，然后设定透明度，在此选取的是蓝色，并将透明度降低到10%。

点击"确定"(OK) 后，颜色选择器出现，由此可以选择希望添加的准确色调，完成后，将图层的"混合模式"(Blending Mode) 改变为"颜色"(Color)。为了给影像加上点睛之笔，此处运用了滤镜菜单中的透镜修正选项施加了一点点虚光。

提示：

类似于传统的，基于胶片的交叉冲洗技巧非常适合于时装和肖像影像的表现，但是别害怕用它来对其它摄影题材进行实验。

过去一个半世纪以来，随着摄影术的发展，出现了成百种不同的印相方法，运用图像编辑软件，很多这些印相方法都可以进行模仿，精确地再现某一传统的印相方法的窍门是对这一过程的原理有些了解。虽然这对创作别致怡人的照片并不是必须的，却有助于产生某种可信逼真的作品。

蓝晒法印相发明于19世纪40年代，是从画幅较大的底片制作照片的一种价格低廉、简便易行的方法。通常采用涂着铁氰化钾和枸橼酸铁铵的混合物的一张纸与底片叠在一起，在紫外光（日光）下曝光。曝光后，直接放到水里漂洗，水会"洗去"没有曝光的高光区域，而影像则干后成为深蓝色的照片。

要再现这种效果，应该记住，传统蓝晒法照片中，照片的深色区域呈现得最蓝，但是浅色区域却着色不多，虽然照片的最亮部分并不是纯白色。因此"真正"的蓝晒法影像应该包含微妙的色调，而且反差度相当低。由于蓝晒法溶液也能涂在厚实的艺术纸和水彩画布上，因此我们也希望体现纸张的纹理，所有这些都很容易在图像编辑软件中模仿。

必备器材

· 具备图层、混合模式和曲线的图像编辑软件

困难指数：★

提示：

可以用蓝色之外的不同颜色来创作色调各异的影像，它们看起来也许不像"正统"的蓝晒法影像，但可能会成为某些超级棒的影像。

处理前

处理后

1 着手将彩色影像转换为黑白影像。在此推荐使用图像处理软件（Photoshop）中的"通道混合器"（Channel Mixer），并采用蓝色和绿色通道值相等的设定，由于传统的玻璃负片对红色不敏感，将红色排除会产生更真实的感觉。如果编辑软件缺乏"通道混合器"（Channel Mixer）这一特色功能，可以选取"去色"选项（Desaturate）来替代。

2 下一步，创建一个新图层，并从菜单中选择图层>新填充图层>实色（Layer>New Fill Layer>Solid Color），双击"确定"（OK），程序会提醒从"颜色选择器"（Color Picker）窗口选取一种颜色。作为理想的起始点，将红色值设定为5，绿色值设定为65，而蓝色值设定为12。输入窗口左下方的红绿蓝方格中，选择"确定"（OK）后，影像就消失在厚实的蓝色帘幕之后。

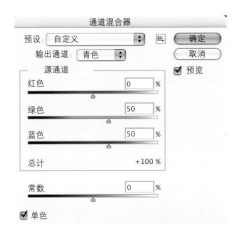

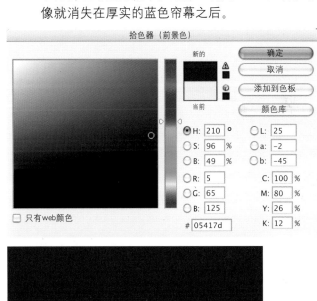

3 为使影像显示出来，在图层调板顶端的下拉菜单中，把填充图层从"混合模式"(Blending Mode)改变为"叠加"(Overlay)。

4 由于每一幅影像对颜色的吸收都不一样，也许会发现蓝色太强烈了，那么可以用透明度滑块来降低蓝色的强度。

5 现在可能有必要进行适当的反差调整，因此点击"背景"（Background）图层并打开"色阶"（Levels）对话框（影像>调整>色阶；Image>Adjustment>Levels），将黑色（阴影）"输入色阶"（Input Levels）滑块右移来深化阴影，移动对话窗口下方的白色（高光）"输出色阶"（Output Levels）滑块至左方，略为调暗高光，增添一点微妙的色调。

6 最后，用图片处理软件中（Photoshop）的"纹理化"滤镜（Texturizer）（滤镜>纹理>纹理化：Filters>Texture>Texturizer）给影像添加惟妙惟肖的纸质纹理，这里选择了砂岩纹理效果。将"浮雕"（Relief）设定为2至5，但是对比例和光泽度可以试验，因为这两者的效果取决于影像的尺寸大小。

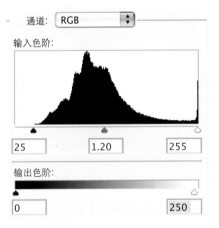

提示：
　　代之以运用图片处理软件（Photoshop）中的"纹理化"滤镜（Texturizer）来增加纸质纹理效果，可将影像打印在厚质艺术纸上，试试看能否得到更真实的观感。

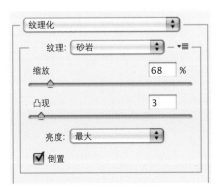

46 数码石印版

传统石印版是一种非常专业化的黑白印相法，然而它是一种能将平淡无奇的影像转变成杰作，使优秀的影像变得震撼人心的技巧。很多摄影师都尝试过石印版印相。几年来最引人注目的名字就是安东·科宾（Anton Corbijn），他的人物肖像包括了尼可拉斯·凯基（Nicholas Cage）、约翰尼·德普(Johnny Depp)、R.E.M的迈克尔·斯戴普(Michael Stipe)和U2乐队等。

但是，虽然科宾的照片非常神奇，石印版印相的问题在于这是一种难以置信的耗时练习，需要能够有传统的暗室来练手。即便拥有这些设备，在掌握这门艺术前，必须耗费大量昂贵的印相纸和化学药剂。值得欣慰的是，我们不必再到传统暗室中"闭关修炼"，耗费资金购买材料来创作自己的石印风格的照片，因为现在类似的效果可以用影像编辑软件来创作，而且对追求石印版特征的摄影师而言，这种方法更容易操控。

之后

之前

1 石印版效果处理的第一步是除去颜色，只要从菜单栏中简单地选取影像＞调整＞去色（Image＞Adjustments＞Desaturate）就可以了，不必进行更复杂的转换。此时影像呈现为黑白色，但是红绿蓝通道依然存在，能够恢复颜色。

2 为了增强反差，复制"背景图层"（Back－ground）并选择"曲线"（影像＞调整＞曲线：Image＞Adjustments＞Curve），如图所示，添加一条经典"S"曲线。这将加深阴影，提亮高光区域，但不会影响中间色调区域。

3 现在可以添加经典的暖色石印色调了。选取背景图层，制作另一份拷贝，这回称之为"色调"（Tone）图层，将色调图层拖到图层调板的堆栈顶层。

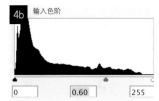

4 打开"色阶"（Levels）对话框（影像＞调整＞色阶：Image＞Adjustments＞Levels），然后将中间（灰色）滑块滑向右方，这将亮化阴影区域，提供一幅低反差影像以便着色。

5 为了添加颜色，这里采用了图像处理软件（Pho－toshop）中的"变化"工具（Variation）（影像＞调整变化＞变化：Image＞Adjustments＞Variation），运用黄色和红色的混合色创造出一种略带粉红色调的褐色。

提示：
　　如果编辑程序中没有与图像处理软件（Photoshop）完全相同的工具，可以找到某种同等合适的软件，石印版影像的三个基本元素是高反差、暖色调和很强的颗粒感。

原始图层　　　　　当前的选项

6a

6 确定颜色后，将"色调"图层（Tone）的混合模式从"常规"（Normal）改为"正片叠底"（Multiply），立刻，强烈的黑色会回到影像上，而明亮的区域则有了石印版的色调。将图层的透明度降低到80％来亮化高光区域，并降低颜色的强度，然后将拼合图层（图层>拼合图层：Layer>Flatten Image）。

6b

7 影像还需要略微增加一点反差，因此再次打开"色阶"（Levels）对话框,将黑色滑块向右移，以暗化阴影区域，然后将中间滑块（灰色）移向左方，亮化中间色调。

7a

8 为背景图层制作一份拷贝，利用"曲线"工具（Curves）提供一条平缓的"S"形曲线，将拷贝图层的"混合模式"（Blending Mode）设为"叠加"（Overlay），并将透明度降低到20％。现在确实获得了很强的石印版质感，因此将图层拼合。

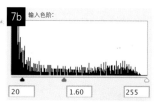

7b

9 将这幅影像制作得像真正的石印版影像的最后一步是添加颗粒感。按住选项/选择键（Option/Alt）并点击图层调板下面的"新图层"（New Layer）图标，将这个图层称为"颗粒感"（Grain），并将"混合模式"（Blending Mode）设为"叠加"（Overlay），在对话框底部的"填充叠加中性色（50％灰色）"框中打钩。

9	新建图层	
命名：颗粒		确定
☐ 使用前一图层创建剪贴蒙版		取消
颜色：☐ 无		
模式：叠加	不透明度：100 %	
☑ 填充叠加中性色（50% 灰色）		

10 这里运用一个两步骤过程，来创作这种颗粒感，而不是采用令人不能信服的"胶片颗粒"滤镜。第一步是用"杂色"滤镜添加某些杂色（滤镜>杂色>添加杂色：Filter>Noise>Add Noise），这个量为30至50效果就很好了。选取"高斯杂色"（Gaussian noise），并在底部的"单色"（Mono-chromatic）框中打钩，然后点击"确定"（OK）

10

11　由于杂色非常"生硬",需要将其稍微软化,以使
　　其更像胶片颗粒。在此采用图像处理软件(Pho-
　　toshop)的"高斯模糊"滤镜(滤镜>模糊>高斯
　　模糊:Filter>Blur>Gaussian),但不要手法太重,选
　　择低于1个像素的半径效果就很好了。

12　现在整幅影像上都出现了均匀的颗粒,但是
　　石印版照片的颗粒只限于阴影区域,因此双
　　击"颗粒"图层(Grain)来打开"图层风
　　格"(Layer Style)对话框窗口。将窗口底
　　部的"下层图层"(Underlying Layer)白色滑
　　块拖向左方来"清除"高光区域的颗粒。然
　　后,按住选项/选择键(Option/Alt),并将滑
　　块的左半部进一步拖向左方,这样就将白色的
　　滑块一分为二,在有颗粒和无颗粒的区域间营
　　造出一种更柔和的过渡区。

13　至此石印处理就完成了,所以可以把图层拼合,
　　并打印照片。在此我进一步调整了色阶,来暗化
　　阴影,然后添加了边框来增加"真实"的胶片相
　　机拍摄的感观。

数码红外线摄影

之后   之前

　　红外线摄影是一种能让摄影师拍摄远远超出人类视觉范围的物像的经典技术，因为肉眼看不到，因此大多数数码相机也察觉不到自然界光线中的红外光波。

　　然而，一度作为摄影术中一种特别专业，而且费用昂贵和难以预测的摄影领域，由于有了影像编辑软件，已经变得容易多了。不少程序现在提供一种简单的"转换为红外线影像"的选项，不过，虽然它们是很了不起的起点，但是仅仅揿一下按钮还不够，还需要做少量改进来达到最佳的效果。

　　一幅红外线照片有几点常见的特色，如果希望产生最好的红外线照片，就需要知道如何体现这些特点。通常，绿色树叶传播和反射大量的红外光，因此绿草和树木等构图元素具有明亮、发白的外观。同时蓝天包含的红外光不多，因此常常显得几乎是黑色的。如果天空中缀有明亮的朵朵白云时，这样看起来会特别有戏剧性。编辑程序在再现这种影调时非常理想，但是再现胶片自身"闪烁"的高光和显眼的颗粒的独特感观时，效果会降低。因此让我们看看应该怎样恰到好处地处理这种影像效果。

必备器材
· 具备黑白红外线功能处理的影像编辑软件

困难指数： ★

提示：
　　因为红外光会对蓝天和绿叶产生最大的影响，风光影像是红外线摄影的经典题材，不过，别让这一点妨碍您尝试其他的题材。

1　首先创建一个"黑白"（Black & White）调整图层,可以点击图层调板底部的"创建调整图层"（Create Adjustment Layer）图标,或者从主菜单中选择图层>新调整图层>黑白图层（Layer>New Adjustment>Black & White）。

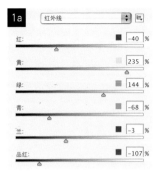

2　从预设菜单中选择默认的红外线选项作为起始点。结果显示出了一些红外线影像的特点,但是天空太亮了,影像底部的高光区也过亮,失去了细节。

3　需要对基础的红外线设定做某些根本性改动来创作更加令人信服的结果。首先从对话框顶部,将"红色"（Reds）设为129%（而不是-40%）以制作出红外线"闪烁"的效果,"黄色"（Yellows）降低至164%,而"绿色"（Greens）增加到196%来亮化绿草,但又不将绿草过度漂白。在对话窗的底部将"青色"（Cyans）和"蓝色"（Blues）大幅度降低,使天空显得黑暗。

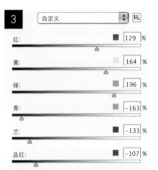

4　由于绿草没有出现曝光过度似的细节,而且若隐若现地闪烁,加上黑沉沉的天空,体现出了红外线摄影的特征,影像已经比图像处理软件（Photoshop）的默认设定更像红外片了,然而,影像还缺乏红外线胶片典型的"闪动高光"和颗粒感。

5　为了添加闪烁感,复制一个"背景图层"（Background）（图层>复制图层:Layer>Duplicate Layer）,并将复制图层的"混合模式"（Blending Mode）设为"变亮"（Lighten）。打开"高斯模糊"（GaussianBlur）滤镜（滤镜>模糊>高斯模糊:Filter>Blur>GaussianBlur）,运用一个小半径的模糊值。现在,影像中半径为1.3的像素就足以为高光区添加上微妙的闪烁感了。

6 现在可以把"背景"（Background）与"背景拷贝"（Background Copy）图层合并。因为只合并两个彩色图层，不包括"黑白"（Black & White）调整图层，因此点击"图层"（Layer）调板中的眼睛图标，将"黑白"（Black & White）图层的可视性关闭，然后选择"图层>融合可见"（Layers>Merge Visible）将两个背景图层合并。

7 用眼睛图标使"黑白"（Black & White）图层又可见到，但确保彩色图层在"图层"（Layer）调板中得到突出。要添加颗粒感，首先加些杂色（滤镜>杂色>添加杂色：Filter>Noise>Add Noise）。添加的量完全取决于个人品味，因此这幅影像中的"量"被设定为7％，"分布"（Distribution）选取了"高斯"（Gaussian），并确认"单色"（Monochromatic）选项框里打了勾。

8 要将杂色转为"颗粒"，用"高斯模糊"（Gaussian Blur）滤镜将其略为柔化。只需要少量的模糊，目的是消除"生硬"杂色的边锋，而不是过度柔化影像。此处只需要半径为0.4的像素就足够了。

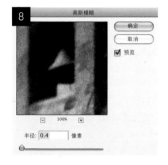

9 由于添加杂色看上去会降低照片的反差，因此运用便捷的"色阶"（Levels）微调（影像>调整>色阶：Image>Adjustments>Levels），提高点黑白色。将黑色点（左边的滑块）调到5，而白色点（右边的滑块）调到250，能恰到好处地增大反差。如果这么做会消除部分高光或阴影，这不成为问题，它会由于充满对比的红外观感而丰富完成后的影像。

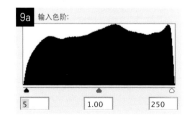

天蓝树绿的风景照能够创作绝佳的红外线照片，因为处理后天空变得近乎黑色，而绿树闪动着白色的光影。

48 模型世界

　　第23专题展示如何制作移轴镜头，并配合窄幅聚焦来拍摄出酷的影像。自己制作镜头确实很有味，但是必须随时随身携带，而且首先必须有一台单反照相机，如果用的是自动对焦的傻瓜相机，它就毫无用处。

　　但是，这并不意味着对图像就不能随心所欲地选择聚焦效果了，本项专题将展示如何运用影像编辑软件来再现这种效果，本例中使用的是图像处理软件（Photoshop CS4），但使用图像处理软件的早期版本（Photoshop），图像处理基础软件（Photoshop Elements），GNU图像处理程序（Gimp），或者专业绘图工场软件（Paint Shop Pro）等，也可以非常容易地运用，它们多数都有所需的工具，这些工具仅仅名称不同而已。

必备器材
· 具有渐变工具和镜头模糊
  滤镜的影像编辑程序

困难指数：★ ★

处理前（小图）

处理后（大图）

1 首先选择要保留在焦点内的区域，在图像处理软件（Photoshop）中，运用"快速蒙版"（Quick Mask）和"渐变"（Gradient）工具可以实现。利用工具栏或键盘上的Q键，可以在"标准模式编辑"（Standard Editing）和"快速蒙版"（Quick Mask）模式间进行切换。

2 在"快速蒙版"模式中，从工具栏选择"渐变"（Gradient）工具。从屏幕顶端的工具选项中选择"反映渐变"（Reflected Gradient），然后按D键将颜色设定为黑（前景）和白（背景）。

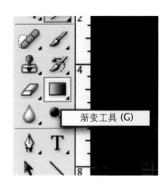

3 为了选取聚焦区，点击希望保持清晰的区域的影像中心，然后向上拖动光标，这么做时，如果按下切换键，将会锁定选择区，使其非常平直。

4 释放开鼠标后，渐变区会显示为一道半透明的红色蒙版（"快速蒙版"（Quick Mask）的默认颜色），红色蒙版显示出选择要保持聚焦效果的区域。返回"标准模式编辑"（Standard Editing）（Q），熟悉的"行军蚂蚁"将标示出准备模糊化的未入选区域。

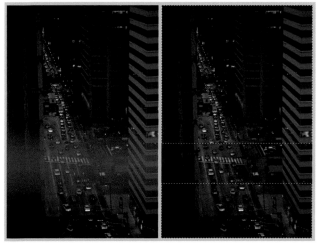

48 >>> >

5 创作脱焦效果时,可利用图像处理软件 (Pho—toshop) 的"镜头模糊" (Lens Blur) 滤镜 (滤镜>模糊>镜头模糊:Filter>Blur>Lens Blur)。"镜头模糊" (Lens Blur) 滤镜有很多设定可以尝试 (请放心大胆地尝试),但在此例中仅改动其中两种——"虹彩光圈" (Iris) 和"半径" (Radius),分别设为"八边形" (Octagon) 与56。完成后点击"确定" (OK)。

6 加上滤镜需要一些时间,根据影像的大小和电脑的速度,需要1分钟或更长。加上滤镜后,对聚焦效果的改变就很明显,如果愿意,可以到此为止,但是对这幅影像还可以进一步做几点改进。

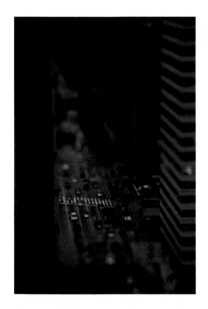

7 需要给这幅影像更多一些"模型"的感觉,以使它更像构建好的、比例缩小的一套模型。为了提高图像的"塑性"外观,准备调整其饱和度和反差。调出"色觉/饱和度"对话框 (影像>调整>色觉>饱和度:Image>Adjustments>Hue>Saturation),将滑块右移增加饱和度,通常10至25就够了。

8 最后,准备用"曲线" (Curves) (影像>调整>曲线:Image>Adjustments>Curves) 来增强反差。这也会使颜色"跃升"一点。在曲线右上方选择一个点,将其微微向上拖,以亮化高光区域。在曲线的相反方向选择另一个点,将左下方下拖,以加深阴影。这就好了,一道直观的城市风景被改变成了一个小规模的城镇模型。

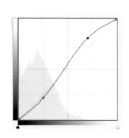

提示

　　如果选用的影像是从较高的视角拍摄的，这个技巧特别有效。如果这道风景反差很大，那就更好了。有了这两者，会增加观察者是从上方俯视单一光源近距离照射下的小模型的感觉。

提示

　　选择的聚焦区无需水平地横贯图像，移轴镜头可以让您改变聚焦区的方向（也称为"聚焦平面"），所以，除了水平的聚焦平面，利用步骤3与步骤4的渐变方式，以不同的方向来创作穿过图像的对角线，甚至近乎垂直的聚焦平面，看看产生的奇妙效果。

49 全景图片

有时候，您会发现自动对焦的傻瓜相机或数码单反相机上的广角变焦设置或焦距根本不足以记录前面的景象。出现这种情况时，答案就是创作一幅全景图像。这是一个两步走的过程，首先要拍摄一系列影像来创作全景照，原则上就是从一端到另一端给拍摄对象拍下几幅影像。回到电脑上后，用图像编辑程序将所有影像拼合成一体，然后生成一幅单一的全景照。

必备器材
· 三脚架（拍摄时为了对齐影像）
· 遥控开关（可选）
· 具有"照片合并"功能的影像编辑程序

困难指数：★ ★

提示

如果用的是1000万像素的相机，以风光照格式拍摄的全景影像文件为3000万像素左右，而用纵向肖像格式拍摄出的文件可达到惊人的9000万像素！这需要多次拍摄，而且结果得到的文件要大得多，所以最好以肖像形式（纵向）拍摄，能够得到细节更为丰富的影像。

拍摄照片

为了有助于将拍摄的影像对齐，使用三脚架是个好主意，遥控快门也很有用，但不是绝对的。

首先找一个合适的被摄体：场面宏大宽阔，有很多值得捕捉的细节，例如远处的城市风光，或辽阔的自然风光。将相机安在三脚架上，并确保三脚架处于水平位置，否则，把这一系列影像合成时，全景照会倾斜。

将相机对准要拍摄的风景的一端（大多数摄影师从左端开始拍摄），最好将相机设置为"手动"（Manual）拍摄模式，并将光圈设置为f/8-f/16，以获得理想的景深。接下来，设置恰当的快门速度。因为采用"手动"模式，这一系列影像中的每一幅都应该得到同样的曝光量，这样就能相互匹配。

现在开始拍摄第一幅，将相机略微移向右方，这样看到的是风景的下一段，并对其拍摄。全景照的窍门是拍摄的多幅影像的边缘都略为有点重叠，这样软件就能识别将要结合的影像中两者共有的元素，并将其自动对齐。虽然有的小型相机有很好的全景照模式，能够显示前一幅影像，使得与相衔接的下一幅影像很容易对齐，但是对大多数软件而言，每幅影像有大约三分之一部分相互重叠就足够了。

接着从左到右拍摄，直到拍完整个风景。拍摄过程中，须注意影像的相互衔接。

编辑

拍完多幅影像后，需要将其合成为一幅全景照。此例所用的是Photoshop图像处理软件，当然很多其他编辑软件也可以把影像融合或"缝合"成一体。

1 打开图像处理软件(Photoshop)，并从菜单中选择"文件>自动匹配>照片合并"（File>Automate>Photomerge）。利用浏览器找出所有的相关图像，在"照片合并"(Photomerge)的左边有四种布局选项，建议使用"自动"(Auto)功能设定。如果影像系列重叠正确，图像处理软件(Photoshop)就可以自动优质完成对齐的工作，并用几种其他的工具来达到最佳的结果。在对话框底端的"图像混合"（Blend Images Together）选项框中打钩，以得到更好的全景效果，然后点击"确定"(OK)。

49

2 "照片合并"（Photomerge）完成后就可以显示出形成的全景照，而且不应该出现明显的结合部，但是不同的影像处于不同的图层，所以需要将图层合并（图层>拼合图像: Layers>Flatten Images）。

3 这些多幅影像的部分可能经过了剪切，结果在幅像的顶部和底部会出现一些缺口。为了消除这些空白的地方，应从工具栏中选择"裁剪"（Crop）工具，将一个剪切框拖来围住满意的区域，这样就可以去除空白的空间，点击选项框或摁下回车键（Enter）来剪切影像。

合并图层	⌘E
合并可见图片	⇧⌘E
拼合图像	

裁剪工具 (C)

4 剪切完影像后，可以像任何其他图像一样进行加工，如转换为黑白图像，提高色阶来丰富视觉效果，或进行其他任何构思。此处运用了"专业图片合成软件"（Photomatix Pro）进行色调投射，以创作一幅高动态范围风光的影像。

50 小世界

如果认为创造星球世界最好留给神灵来做，您不妨三思而行；只要点击几下鼠标，图像处理软件(Photoshop)、图像处理基础软件(Photoshop Elements)和其它许多编辑软件就赋予了艺术家将全景影像变成完美天体的力量。独具魅力的迷人影像，代表着艺术家完美的星球世界，或者某种有点儿抽象的未知世界。

虽然可将这种技巧运用于任何全景图像，如果影像的左端和右端看着非常相似，则效果最佳。如果这两端相配的程度很接近（就颜色与内容而言），那么影像弯成圆形而两端在中间相遇后，其结合点几乎可以做到天衣无缝，这意味着最小量的后续增色笔触。如果全景照的下部25％包含极少的细节—如本例中的海水，这也很好；同样的，天空最好色调均匀。一旦选好了合适的影像，就可以开始创造自己的小世界了。

必备器材
· 具备极坐标滤镜（或类似滤镜）的图像编辑软件
· 全景影像

困难指数：★

后

前

1 因为创造自己的星球时，影像的左端与右端要连在一起，影像须具有完全水平的地平线，这一点至关重要，任何轻微的错位都会变得很扎眼。要检查影像是否水平，打开"直尺"（Ruler）工具，从地平线的左边到右边划一道直线。

2 为保证水平线完全平直，从主菜单中选择"图像>图像旋转>任意"（Image>Image Rotation>Arbitrary），如果地平线还没有完全平直，需要调整的角度会自动显示出来，只要点击"确认"（OK）就会得以改变。

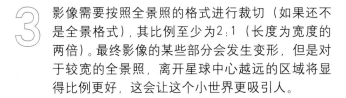

3 影像需要按照全景照的格式进行裁切（如果还不是全景格式），其比例至少为2:1（长度为宽度的两倍）。最终影像的某些部分会发生变形，但是对于较宽的全景照，离开星球中心越远的区域将显得比例更好，这会让这个小世界更吸引人。

4 一旦影像裁切成了全景照，需要把它做成正方形，从全景照到正方形的这种转换很重要，然而千万不要认为可以直接用正方形的影像进行处理。打开"影像尺寸"（Image Size）对话框（影像>影像尺寸：Image>Image Size），取消"限定比例"（Constrain Proportions）对话框中的钩.从"像素维度宽度"（Pixel Dimensions Width）场中将像素值拷贝到"高度"（Height）场中，然后点击"确认"（OK）。影像此时看上去被怪异地拉伸了，但关键的是，它成为了正方形。

50

5 接下来，运用"图像>图像旋转>180°"(Image> Image Rotation>180°)，将影像旋转180°，影像看上去整个完全上下倒置了。记住不要图简单而使用"旋转观感"(Rotate View)工具。

6 现在可以把上下倒置、压扁了的正方形影像变成一个小世界了。这听起来挺难，做起来却很简单，只需选择"滤镜>变形>极坐标"(Filter> Distort>Polar Coordinates)，运用默认的"矩形到极坐标"设置(Rectangular to Polar)，"创世"过程就完成了。

7 除非影像中的光照条件超乎自然的理想，往往影像左端与右端存在着某种程度的差异。把它们连在一起后，这种差异就会更加显眼。但是运用"修复画笔"(Healing Brush)和"克隆图章"(Clone Stamp)可以修正差异，细心地编辑结合部，使它不那么显眼。

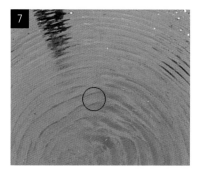

8 最后复制新生的星球并用"锐化蒙版"(UnsharpMask)滤镜(滤镜>锐化>锐化蒙版：Filter>Sharpen>Unsharp Mask)显化细节。确保低半径设定值，并以100%比例预览图像。这样在运用前，可以观察到设置的效果。最后将图层合并就完事大吉了——一幅不起眼的全景影像变成了一个小世界！

提示

如果镜头产生光晕，小世界效果会夸大暗化了的角落。在动手处理前，可试试运用图像处理软件（Photoshop）滤镜菜单中的"镜头修正"（Lens Correction）工具进行修正。

提示

另一种创造小世界的选择是"水泡中的世界"。只需在使用"极坐标"（PolarCoordinates）滤镜前，跳过第五个步骤（即旋转正方形影像），小世界就会向内转面对着自己！

51 墙面艺术

每个人都有自己心仪的照片，并且总想将其放大，挂在墙上，给自己的家人和朋友留下深刻的印象，而最理想的方式就是能够制作一张广告牌大小的照片。

花大价钱将照片上传请广告印刷机构处理之前，为什么不去尝试利用自己的家用打印机来创作出令人难以置信的照片呢？而您所要做的不过就是使您的影像跨越多张相纸而已，这就像广告公司印制广告牌，而这正是海报裁剪软件(PosteRazor)力所能及的地方。

大多数图像处理软件都可以调整图像的大小，也能够像贴瓷砖一样粘贴图像，当然并不是直接就可以这样做。但是海报剪切软件(PosteRazor)只要五个简单步骤就可以用您的原始影像来放大照片，将它们转换成多张照片，或者称多块"瓷砖"，你可以将它们打印出来，然后再粘贴在一起。海报裁剪软件(PosteRazor)最好在Windows 操作系统上和Mac计算机上运行，这样它就能够运行自如。

必备器材
· 喷墨打印机
· 海报裁剪软件(PosteRazor)(http://posterazor.sourceforge.net/)
· Adobe阅读器4 （或更高版本）

困难指数：★

组合墙面艺术

有两种方式可将覆盖墙面尺寸的影像组合拼接起来。最简便的选择是，将影像的每一张局部图粘贴在发泡板或厚卡片纸上，仔细地将每一张局部图对齐，就像大屏幕广告牌的组合拼接方式那样，来创作自己的海报。

1 加载影像

用浏览器找到要转变的影像。

2 设定打印机的纸张尺寸

海报裁剪软件需要知道打印机使用的是什么纸张，可以选择标准的纸张尺寸，也可以输入自定义尺寸，还可以选择构成放大影像的拼接图是横向（风光模式）还是纵向（肖像模式）打印。如果喜欢，甚至可以给每一张拼接图加上白色的边框。

3 设置重叠部分

如果要准确地将多页打印的拼接图粘接好，需要设置少量的重叠部分，1/2英寸（1.25厘米）就可以了。

4 确定海报的尺寸

在这个对话框中，可设定最终的海报尺寸，可以用精确的尺度（英寸/厘米），也可以告诉海报裁剪软件打完这幅超级尺寸的影像所需的纸张数，或者使用按照增加的百分率的比例打印。

5 保存海报

最终的海报文件可以作为多页的PDF文件保存，这样可以用Adobe阅读器打开并打印。只要打开PDF文件，（或者在海报裁剪软件保存完文件后，要求软件自动打开文件），把所有的页面都打印出来，就可以把艺术作品拼接起来了。

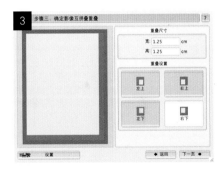

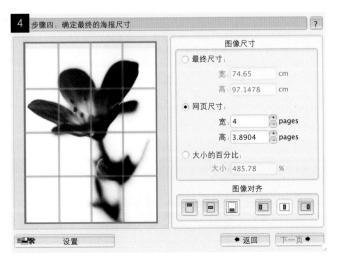

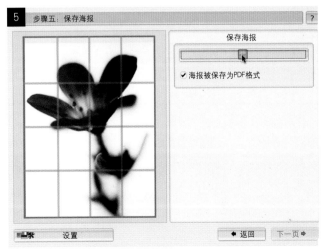

52 喷墨移印

几乎人人家里都会有与计算机联网的喷墨打印机，并且能够打印出令人不可思议的高质量照片。如果您只是打印外出度假所拍摄的照片，那就足够了。但是，如果您想搞点创意，那就完全可以利用您的喷墨打印机，完成一项伟大的工程，这就是"喷墨移印"。

要完成"喷墨移印"必须经过几个步骤，而不仅仅是揿按钮就行了。然而这并不是十分困难，就可以把您的照片转变成为真正独一无二的艺术杰作。我们所要做的就是把喷墨打印机所打印的影像移印在另外一种介质表面，比如说水彩画纸、卡片纸、木板等等，您可以随心所欲地利用各种材料进行试验。其结果是变化无穷的，可以是大胆的街头艺术影像，甚至也可以是像水彩画那样感觉柔软的精致照片。一切取决于您所使用的原始影像。

必备器材
· 喷墨打印机
· 黏性标签后的光滑衬纸
· 准备将影像移印到上面的水彩画用纸或类似的材料
· 橡胶滚筒（可选）

困难指数：★

提示

除了用光滑衬纸外，还可以用透明胶片（醋酸纤维塑料胶片）。要确保所用的胶片不是为喷墨打印机设计的，因为喷墨胶片被设计成可以吸收墨水，而这正是不需要的。

可以试验使用不同的接受表面来移印——有的对喷墨移印的反应比其它的要好。一般而言，自然吸收性表面效果最佳，因为它们允许移印的墨水渗入其中。

移印的影像看起来是反转的，所以电脑屏幕上位于左方的在移印影像中却在右方。如果不想出现这种情况，打印前可以将影像水平翻转。

移印过程

　　首先把影像打印在不吸墨的表面上，如从黏性标签揭下来后的光滑衬纸（所有的标签都被揭走后留下来的光滑衬纸）。

　　在电脑上打开要移印的影像，在打印机上装上一张光滑衬纸，点击打印（Print），打开打印机设置。因为要使纸张得到充足的墨水用于移印，因此将"介质"（Media）或"纸张类型"（Paper Type）设置为"光面相纸"（Glossy Paper）就能做到这点，然后将影像打印到衬纸光滑的一面。

　　接下来是至关重要的一步。将打印出来的影像从打印机上拿开，因为它不像常规打印那样很快就干了，一定要非常小心不要抹花弄污未干的影像。将有打印墨水的一面向下放置于"接收表面"（水彩画纸、卡片纸、木板或任何吸收性材料），注意不要移动打印的影像或其下边的接收表面。

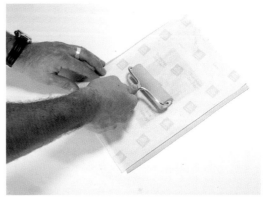

　　移印影像时，用手掌或橡胶滚筒均匀地沿打印影像的背面施加压力。这样会把墨水从衬纸转移到接收材料表面。再次注意，不要让衬纸或下面的接收材料表面移动，否则会将影像弄花，虽然这样可能会增添某种难易预测的效果。

　　最后，揭开衬纸，影像就会被"魔法般地"转移到接收材料上！

左图：影像可以被转移到各种介质表面，从各种纸张（右图）到木板（左图）。影像的清晰度将取决于所使用的介质表面。

参考

图片来源

篇首语

© Chris Gatcum
www.cgphoto.co.uk

创意性拍摄

© Kit Hung
www.flickr.com/photos/phohe

01

© Angela Nicholson
www.angelanicholson.com

02

© Chris Gatcum
www.cgphoto.co.uk

03

© Chris Gatcum
www.cgphoto.co.uk

© Peter Adams
iStockphoto.com
www.padamsphoto.co.uk

© Timothy J. Vogel
www.flickr.com/photos/vogelium

04

© Damien Demolder
www.damiendemolder.com

© Amanda Rohde
iStockphoto.com
www.designtangents.com.au

05

© Kit Hung
www.flickr.com/photos/phohe

© Isabel Bloedwater
www.flickr.com/photos/polanaked

06

© Steve Corey
www.flickr.com/photos/stevecorey

© Jeffrey L. Reed, Atlanta GA
www.flickr.com/photos/zandir

© Derryn Vranch
www.flickr.com/photos/derrynv

07

© ooyoo
iStockphoto.com

© Gerad Coles
iStockphoto.com
www.flickr.com/photos/gcoles

08

© Pete Carr
www.petecarr.net

© Sean Goebel
iStockphoto.com
www.flickr.com/photos/7687009@n02

© Stephan Messner
iStockphoto.com

09

© Francisco Fernandez
www.flickr.com/photos/16940890@n07

© David Hull
www.flickr.com/photos/mtnrockdhh

10

© Darin Kim
www.flickr.com/photos/darin11111

© Ken Douglas
www.flickr.com/photos/good_day

镜头和配件

图片来源

22
© Elena Erda
www.flickr.com/photos/elenaerda

© Chris Gatcum
www.cgphoto.co.uk

23
© Sabrina Dei Nobili
iStockphoto.com

© Chris Gatcum
www.cgphoto.co.uk

© Linda & Colin McKie
iStockphoto.com
www.travelling-light.net

24
© Damien Demolder
www.damiendemolder.com

27
© Michael Barnes
www.toycamera.com

© Chris Gatcum
www.cgphoto.co.uk

28
© Amanda Rohde
iStockphoto.com
www.designtangents.com.au

29
© Vika Valter
iStockphoto.com
www.vikavalter.com

30
© Andrew Penner
iStockphoto.com

31
© Damien Demolder
www.damiendemolder.com

照明装置

© Joseph Jean Rolland Dubé
iStockphoto.com

32
© Damien Demolder
www.damiendemolder.com

© Wolfgang Lienbacher
iStockphoto.com
www.lienbacher.com

33
© Chris Gatcum
www.cgphoto.co.uk

34
© Tracy Hebden
iStockphoto.com
www.quaysidegraphics.co.uk

© Thomas Stange
iStockphoto.com
www.tstange.de/foto

35
© Richard Sibley
www.richardsibleyphotography.co.uk

36
© Richard Sibley
www.richardsibleyphotography.co.uk

© Chris Gatcum
www.cgphoto.co.uk

37
© Richard Sibley
www.richardsibleyphotography.co.uk

© Kateryna Govorushchenko
iStockphoto.com
www.iconogenic.com

38 © Nick Wheeler
www.flickr.com/
photos/nickwheeleroz

39 © Nick Wheeler
ww.flickr.com/
photos/nickwheeleroz

40 © Nick Wheeler
www.flickr.com/
photos/nickwheeleroz

数码处理与打印

© Damien Demolder
www.damiendemolder.com

41 © Chris Gatcum
www.cgphoto.co.uk

42 © Barney Britton
www.barneybritton.com

43 © Pete Carr
www.petecarr.net

44 © Barney Britton
www.barneybritton.com

45 © Damien Demolder
www.damiendemolder.com

46 © Chris Gatcum
www.cgphoto.co.uk

47 © Chris Gatcum
www.cgphoto.co.uk

© Adam Juniper
www.adamjuniper.com

48 © Terry Wilson
iStockphoto.com
www.terryfic.com

© John W. DeFeo
iStockphoto.com
www.johnwdefeo.com

© Benjamin Goode
iStockphoto.com
www.kwestdigital.com.au

49 © Pete Carr
www.petecarr.net

50 © Adam Juniper
www.adamjuniper.com

© David Nightingale
www.chromasia.com

51 © Chris Gatcum
www.cgphoto.co.uk

52 © Chris Gatcum
www.cgphoto.co.uk

© Chris Gatcum
www.cgphoto.co.uk

© Chris Gatcum
www.cgphoto.co.uk